SEGUNDA GUERRA MUNDIAL

según lo experimentado por
un soldado Heer de la Wehrmacht

KURT NOACK

Polonia, Francia, Dinamarca
Yugoslavia, prisionero de guerra

Robert Stephen Spangler
Francis Kurt Spangler

PUBLICACIONES DEL DR. ROBERT S. SPANGLER

Textos

Manual de prueba para acompañar el desarrollo del adolescente y las tareas de lavida, por Guy Mamaster, MS, Allyn and Bacon, Inc., 1977

(Con el Dr. Ben F. Eller) Manual de prueba para acompañar la comprensión de la adolescencia,3ª edición por James F. Adams. Boston MS Allyn y Bacon, Inc., 1976

Artículos de revistas

(Con Michael Taylor) "Capital Culpability: Daubert Necessitates Re-Evaluation of Condemned Persons", The Advocate,Vol. 21, Número 3, mayo de 1999

(Con el Dr. David A. Sabitino) "Estabilidad temporal de la inteligencia de los niños superdotados", Roeper Review, noviembre de 1994

(Con el Dr. Robert G. Shepard) "An Analysis of the Effect of a Vermont Folk Remedy on the Self-Reports of University Students", International Journal of Instructional Media, Vol. 5, No. 5, No. 3, 1977-78, pp 273-275

(Con L. Stephen Ward) "Selection or Shaping: A Critical Decision for American Parents", International Journal of Instructional Media,Vol. 5, No. 4, 1977-78, pp 397-401

(Con el Dr. Robert G. Shepard) "Marijuana: A Phenomenological Synthesis", Mid-South Educational Researcher,noviembre de 1976, Vol. 4, No. 3

(Con el Dr. Norman Hankins) "Comparación de dos procedimientos evaluativos sobre la retención por estudiantes universitarios", Informes psicológicos,1975, pp 36, 613-614

Marijuana Today: Facts for Classroom Teachers and Counselors, A Brief Annotated Bibliography, Johnson City, TN, Departamento de Impresión de ETSU, agosto de

1975

(Con el Dr. Charles M. Achilles et al) "Innovations in Higher Education: Approaches to Improved Instruction" (Simposio) Mid-South Educational Researcher,noviembre de 1975, Vol. 3, No. 4

(Con el Dr. Ogden Lindsley, el Dr. Henry Pennypacker, et al) The Handbook of Precise Behavior Facts,Kansas City, KS, Precision Media, Inc., junio de 1971

(Con el Dr. Donald Avila y Charles Lund) "The Relationship Between Crime and the Criminal's Belief About the Basic Nature of Man", Research Study,pp. 669-69, FL (Florida Division of Corrections), diciembre de 1969

PUBLICADO POR DR. R.S. SPANGLER
P.O. Box 340, Horseshoe Beach, Florida 32648

IMPRESO EN LOS ESTADOS UNIDOS DE AMÉRICA

ISBN: 978-1-7364584-4-0 [rústica]

ISBN: 978-1-7364584-5-7 [e-book]

Para obtener copias adicionales, póngase en contacto con Amazon.com.

DEDICACIÓN

El ex Oberleutnant Kurt Noack tenía dos solicitudes si tlas experiencias fueron publicadas: Primero, hSu dedicación es a los hombres con los que sirvió que fueron asesinados, heridos o desaparecidos en acción., tel 29° Regimiento de Infantería en Polonia, el 323° Regimiento de Infantería en Francia, y el 22° de Infantería en Yugoslavia, y los hombres del Fuerza de eliminaciónn (Diseño) Unidad de las Waffen SS que luchó junto a ellos. Eran jóvenes tropas de combate de élite entrenadas para luchar en la línea y nada más. En segundo lugar, pidió que se cambiaran todos los nombres, excepto el suyo, el de su familia y las figuras históricas, para proteger la privacidad de las familias. Cumplimos con ambas solicitudes.

FKS
Viena, Austria
12 enero 2014

CONTENIDO

RECONOCIMIENTOS

DISEÑO ORIGINAL DE LA FOTO POR CHRISTY SPANGLER
ASISTENCIA PARA LA INVESTIGACIÓN DE LA BIBLIOTECA POR JASON WILLIAMS
MAPA EN LA PÁGINA 294 POR CAROL V. SPANGLER
PREPARACIÓN DEL MANUSCRITO Y DISEÑO FINAL DE LA FOTO POR THERESA M. SAYLOR
TRADUCCIÓN [INGLÉS/ALEMÁN] Y EDITOR
THERESA MIDDLETON SAYLOR

UN AGRADECIMIENTO ESPECIAL A DEE DEE PENNINGTON POR AÑOS DE EXCELENTE ASISTENCIA PROFESIONAL CON MIS INFORMES PSICOLÓGICOS Y GRACIAS POR LA COORDINACIÓN DE ESTE ESFUERZO (RSS)

PREFACIO

Llegué a Bremerhaven, Alemania, en un barco de tropas a mediados de diciembre de 1964. Fuimos escoltados a un tren de tropas y comenzamos nuestro viaje hacia el corazón de Alemania. El tren hizo muchas paradas cortas; grupos de soldados se bajaron y fueron recibidos por un sudoficial del Ejército de los Estados Unidos con un portapapeles cuando el tren comenzó a moverse nuevamente. Cuando nos mudamos a Alemania, pensé en mi herencia familiar y me di cuenta de que probablemente era más alemán / irlandés que cualquier otra combinación, pero también tenía francés, español y un pequeño porcentaje de sangre nativa americana. Esperaba ver a Alemania, Francia y España ya que mi vida estaba siendo interrumpida por un borrador de aviso en julio de 1964, que ignoré y me reincluté. Me había divorciado, y eso desencadenó el borrador. Parece que mi tiempo de servicio activo durante la Guerra de Corea en la

Infantería fue un par de meses antes de cumplir con mi requisito de servicio activo.

Además, a pesar de que tenía la custodia temporal de mis dos hijos pequeños, solo contaba si era custodia permanente. Mis padres acordaron cuidar a mi hija y a mi hijo mientras servía de nuevo en servicio activo, esta vez en la artillería de campaña.

Mientras el tren avanzaba, miré por la ventana, viendo pasar el campo entre pequeños pueblos y ciudades. Me sorprendió ver ciudades prístinas, carreteras y autopistas reconstruidas, y personas trabajadoras, hombres y mujeres mayores que trabajan principalmente en sus tareas diarias. Esperaba muchos escombros.

Sólo habían pasado diecinueve años desde que la Segunda Guerra Mundial había terminado y Alemania había sido severamente dañada. Pensé en cuatro parientes que habían luchado y servido en Europa. Mi tía, Eileen B., que era primera teniente de RN, WAC, vio más horror que los hombres día a día; su esposo, mi tío, Bud B., que vio el combate como oficial de grado de compañía en la infantería; mi tío, Frank A., era un artillero de vientre en un B17 y completó sus misiones requeridas sobre Alemania y otros objetivos cuando terminó la guerra. Luego estaba mi tío, Webby R., que estaba en la segunda o tercera ola de soldados de infantería que cruzaron el puente Remagen el 7 de marzo de 1945. Fue gravemente herido cuando pisó una mina antipersonal ocho semanas antes del final de la Segunda Guerra Mundial.

Cuando era niño en la casa de mis abuelos maternos, solía esconderme y escuchar a estos veteranos de combate contarse sus historias entre sí cuando pensaban que nadie más los estaba escuchando. Por eso, mientras miraba por la ventana en el tren, esperaba un país derrotado con escombros sobrantes y un grupo de personas tristes y deprimidas, especialmente porque Alemania se había dividido en Oriente y Occidente. En cambio, estaba viendo gente activa, sonriente, incluso saludándonos, mientras pasaba el tren. Era difícil creer cuánto progreso habían hecho y seguían haciendo.

De todos modos, pensé que a pesar de que ya no éramos una Fuerza de Ocupación, todavía estábamos allí para protegerlos de un posible, más probable, ataque de las fuerzas soviéticas a través de la Brecha de Fulda, una ruta de invasión natural que había sido utilizada por los agresores durante más de mil años.

Cuando llegué a Frankfurt / Main, abordé una camioneta que nos llevó a un complejo del Ejército en el centro de Frankfurt / Main. Todos esperamos hasta que nuestras unidades asignadas llegaron con camiones deuce y medio para recogernos. Disfruté mirando el edificio, ya que originalmente era un cuartel de la Wehrmacht Heer.

Mientras estaba allí, me enteré de que el edificio estaba

ahora bajo el Séptimo Ejército de los Estados Unidos. Mis órdenes decían que estaba asignado a la Batería A, 2º Batallón, 27º artillería de campaña, que estaba en la Tercera División Blindada. La palabra operativa en mis órdenes era campo. Pasaríamos unos ciento sesenta y dos días al año en el campo, entrenando cerca de la frontera en la región de Fulda según los suboficiales de Frankfurt / Main. ¡Y dijeron la verdad!

Cada vez que volvíamos de los ejercicios de campo a Friedberg, Hesse, donde se encontraba nuestra guarnición, Ray Barracks, Herr Noack y yo trabajábamos en el proyecto. Hablaba mejor inglés que yo, pero yo entendía muchas más palabras alemanas de las que hablaba. Si no entendía algo durante nuestras caminatas, me lo explicaban más tarde cuando terminamos nuestras caminatas y regresamos a su casa. Estaba restringido a las horas fuera de servicio, por lo que generalmente era la cena, una larga caminata, y luego una bebida o dos, y regresar a Ray Barracks. Después de que su hija, Hannelore

Noack, y yo nos casamos, pude vivir del correo y tuvimos mucho más tiempo y mi alemán estaba mejorando. Ambos disfrutamos trabajando juntos; fue catártico para él y muy informativo para mí. Nuestro respeto mutuo creció a medida que trabajábamos juntos. Completamos treinta y cinco entrevistas antes de regresar a los Estados Unidos a fines de diciembre de 1966.

INTRODUCCIÓN

La historia de cómo se publicaron las experiencias del ex Oberleutnant Kurt Noack en la Segunda Guerra Mundial es una historia corta por derecho propio. Sin embargo, vamos a ir al grano. El primer autor realizó treinta y cinco entrevistas con Herr Kurt Noack en Friedberg,Hesse, en 1965,1966 y 1973. La primera entrevista ocurrió después de la cena en el comedor de Noack cuando Herr Noack notó que su esposa, Johanna, tiraba fotografías a la basura. Él le preguntó de qué se trataban, y ella dijo: "El war". Se encogió de hombros y dijo: "Está bien. Se acabó y los jóvenes no están interesados". El primer autor interrumpió cortésmente y le dijo tanto a Herr como a Frau Noack que le importaba y que estaba seguro de que sus nietos también lo harían. Herr Noack sonrió y le pidió a su esposa que retirara las fotos de la basura y las llevara a la mesa del comedor. Así comenzó el proyecto de anotar las fotos, escuchar su descripción verbal de regresar al Ejército por conscripción en 1939, las campañas en las que estuvo, el deber de ocupación en Dinamarca, la promoción de Hauptfeldwebel a Subteniente y, después de completar más estudios legales, la promoción a Oberleutnant (Primer Teniente), luego la campaña final y el final de la guerra.

Los billetes, dictados y fotos se almacenaron en una caja de seguridad bancaria en Gainesville, Florida, desde mayo de 1967 hasta septiembre de 1972, cuando se trasladaron a una caja de banco en Johnson City, Tennessee, hasta que se entregaron al segundo autor el 29 de noviembre de 2009 en Alexandria, Virginia. El 8 de septiembre y el 12 de diciembre de 2009, tanto los autores como los miembros de la familia, incluida la hija de Herr Noack, Hannelore Noack Spangler-Freund, discutieron materiales y cintas, y se decidió que deberíamos publicar las experiencias de su padre en la Segunda Guerra Mundial. Valiosos comentarios sobre las condiciones de vida de los civiles de Alemania fueron hechos por suesposo, Karl-Heinz Freund.

Los materiales fueron encerrados en la oficina central del segundo autor en Alexandria, Virginia, ya que se había preocupado mucho por su carrera con ATF en su sede de D.C., y su esposa estaba igualmente ocupada con su carrera en NTSB en D.C. La hija de Herr Noack y su marido habían regresado a casa enAlemania. Elprimer autor se había retirado en 1995 como profesor de psicología en el Departamento de Desarrollo Humano y Aprendizaje de una universidad regional en Tennessee para dedicar su tiempo a la práctica privada en Cumberland Gap, Tennessee. Esto permitió citas para personas de tres estados. Había estado en la práctica como psicólogo licenciado desde 1982 el veinte por ciento del tiempo desde 1982 hasta enero de 1995 y, cuando se retiró de la universidad en favor de la práctica privada, al cien por ciento del tiempo.

Los materiales estaban inactivos. En septiembre de 2011,

Herr Karl-Heinz Freund y Frau Hannelore Noack Spangler-Freund regresaron a los Estados Unidos para una visita en Pompano Beach, Florida. Todos volvimos a hablar de los materiales y repetimos la posibilidad de una publicación. Como el segundo autor y su esposa, Christy, se habían mudado al sur de la Florida, él tenía más tiempo disponible. Hablamos seriamente de empezar a poner el lápiz en el papel.

En septiembre de 2012 Herr Fruend y Frau Noack Spangler-Freund nos visitaron de nuevo en Pompano Beach, Florida. Finalmente, después de muchos días felices en la playa y los restaurantes, surgió la pregunta: "¿Cómo está el progreso en el libro? "Tuvimos que informar: "No hay progreso",luego pedimos otra cerveza, bourbon y agua. Finalmente comenzamos a revisar notas, cintas y fotos, comenzando con la vida temprana y las condiciones de Herr Noack en Alemania alrededor de 1935 a 1939.

Bueno, finalmente los dos autores se encontraron en Viena,

Austria, a principios de enero de 2014, mirando por la ventana del hotel al Danubio. Esto trajo muchos recuerdos de las experiencias del ex Oberleutnant Noack durante la Segunda Guerra Mundial cerca y en el río Sava (Sau),que desemboca en el Danubio. Se sentaron durante los días siguientes en Viena y pusieron el lápiz en el papel. Elaboraron el esquema aproximado y una declaración sobre lo que Oberleutnant Noack quería para una dedicación y precauciones para evitar que las familias invasionen su privacidad. El libro finalmente estaba en progreso.

En septiembre de 2019, en la reunión familiar en Pompano Beach, Florida, menos uno, Christy Spangler, viuda de Francis Kurt Spangler, segundo autor, devolvió todos los materiales que encaizó al primer autor. Hubo muchas llamadas telefónicas nocturnas entre ambos autores entre enero de 2014 y marzo de 2019. El primer autor realmente volvió a trabajar desarrollando el esquema durante mayo de 2019 y el book, a excepción de las correcciones, se completó el 26 de abril de 2020.

2
LOS PRIMEROS AÑOS DE KURT NOACK

Kurt Noack nació en Guben, Alemania, a finales del siglo 20. Asistió a la escuela en Guben y estuvo en la pista académica. Sus calificaciones estaban por encima de la media y avanzaba cada año sin dificultad. De los comentarios de sus padres a él, "tenía un buen futuro; depende de él".

Kurt fue criado como cristiano por sus padres, Gustav y Hanne Noack. Él y su hermana pequeña, Margarete, eran asistentes regulares a la iglesia bajo el ejemplo y la supervisión de su madre. Más tarde en la vida, sus hijos fueron bautizados como luteranos, por lo que la suposición es que él también era luterano.

Kurt era un adolescente de secundaria cuando el archiduque Francisco Fernando y su esposa, Sophia, del Imperio austrohúngaro fueron asesinados en Sarajevo el 28 de junio de 1914. La guerra fue declarada por el Imperio contra Serbia. En agosto, la Primera Guerra

Mundial estaba en marcha.

El joven Kurt sintió el entusiasmo por la Primera Guerra Mundial en sus compatriotas. Continuó sus estudios y se mantuvo al día con todas las noticias de guerra. En agosto de 1917 parecía completamente crecido y lleno de sueños de infancia de ser un soldado para su Patria. Para consternación silenciosa de su madre, pero después de hablar con su padre, Herr Mileus Juelich, con su esposo fuera de la ciudad, firmó un documento que decía que había cumplido diecisiete años en agosto de 1917 y que su certificado de nacimiento seguiría cuando su padre regresara a casa. Kurt se alistó a finales de agosto de 1917 en el Reichswehr Heer.

Para cuando Herr Noack regresó a casa, ya era demasiado tarde. Kurt era un soldado. Su certificado de nacimiento nunca siguió, ni fue solicitado.

Kurt Noack comenzó a convertirse en un Heer Private (Grenadier/Schutze). Después de graduarse fue directamente a su unidad en el frente en Bélgica. Permaneció en Bélgica, participando en múltiples enfrentamientos, hasta que terminó la guerra.

A las pocas semanas se le permitió regresar a casa en Guben. Después de que se implementaron todos los tratados, finalmente recibió una Descarga Honorable y regresó a sus estudios académicos. Sus resultados objetivos en las pruebas le abrieron la puerta a la academia de policía de Sondershausen/Thuerngen. Después de una serie de trabajos intermitentes, ingresó y se graduó de la academia de policía en 1924.

Antes de ir a la academia de policía, como miles de otros patriotas alemanes que sirvieron en la Primera Guerra Mundial, Herr Noack llevó su certificado de nacimiento y registros escolares a una oficina del gobierno y corrigió su fecha de nacimiento, declarando: "debe haber sido un error tipográfico en 1917". El empleado sonrió y asintió afirmativamente. Sirvió como oficial de policía durante la República de Weimar hasta 1933. Fue entonces cuando comenzó el Tercer Reich.

Al estar tan al este, Guben está muy cerca de Polonia. Herr Kurt Noack había opinado que no había notado muchos cambios durante varios años, excepto que había una mejor esperanza de estabilidad económica y una vida mejor. Un rumor frecuente preocupaba a los ciudadanos y a los oficiales de policía de mente abierta. Secontaba la historia en privado de que, si te sorprendían comportándote de manera inapropiada, "la Gestapo vendría a buscarte".

Después de servir bajo el Tercer Reich durante tres años como oficial de policía después de sus nueve años con la República de Weimar, su supervisor le dijo que no habría espacios de promoción para él durante varios años. Después de haberse casado a principios de 1934, pensó mucho, pero decidió renunciar al departamento de policía en 1936 y estudiar derecho durante un año mientras trabajaba en un trabajo gubernamental en la administración en Calau. Esto hizo posible prepararse para un buen futuro mientras apoyaba a su esposa e hijo pequeño, Hans-Jürgen. A finales de año los Noacks se trasladaron a Cottbus. Con las transcripciones de la escuela de derecho y doce años de experiencia policial siendo considerado, fue ascendido a magistrado de la ciudad por delitos de tráfico y otras disputas menores. Trabajó largas horas diligentemente en 1937, 1938 y hasta julio de 1939. Comenzaba a relajarse cuando comenzaba sus años de mediana edad; se sentía seguro de que él y su familia tenían un futuro seguro. Sin embargo, como dicen muchos Ausländers, "tenía otro pensar".

A finales de julio de 1939, Herr Noack fue enviado a Frankfurt / Oder para manejar los asuntos oficiales del gobierno.

Llegó a casa el sábado a tiempo para la cena. Después de hablar con su esposa, Johanna, y después de jugar con su hijo pequeño, Hans-Jürgen,se retiraron. El domingo por la mañana Johanna dio el correo que se había acumulado mientras estaba en Frankfurt / Oder. Clasificó la pila, colocando el correo sin importancia a un lado; su esposa podía lidiar con eso. Leía el correo de negocios y otros correos que consideraba importantes. Luego pasó el día descansando e interactuando con Johanna y Hans-Jürgen. Después de la cena, analizó los asuntos de la oficina y su agenda para la semana. Tomó la decisión de trasladar los casos no urgentes de lunes a martes y telefoneó a su secretario.

El lunes 31 de julio de 1939, Herr Noack fue a su oficina e

hizo que su personal terminara de notificar a las personas las nuevas fechas y horas para sus audiencias. Los dos casos urgentes se escucharán esa tarde. Al igual que otros, disfrutó de la caminata a casa para almorzar, planeando revisar los dos casos de la tarde mientras almorzaba.

FOTOS FAMILIARES

Kurt Noack, 4 años, con familia en Guben

Foto de la boda: Kurt y Johanna Nufek, Turingia, Alemania

Agentes de policía de Weimar gaseando de camino a reunirse con la policía húngara

En la frontera, 1930; Noack y otros oficiales

Llegada a la conferencia

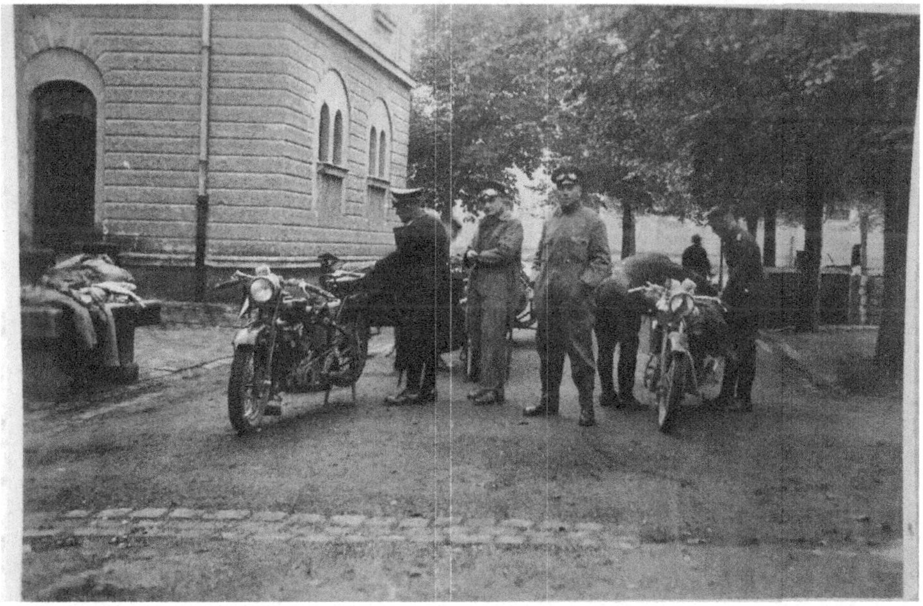

Después de la conferencia policial

3

DESARRAIGADOS: DE VUELTA A BERLÍN

El lunes por la mañana parecía un buen día de verano. Olía a café y el desayuno que Johanna estaba preparando. También escuchó a Hans-Jürgen tratando de conseguir otro brötchen con mantequilla y mermelada de fresa. Desayunó agradablemente y se despidió de Hans-Jürgen y su esposa. Prometió que recogería algunos productos que ella había enumerado en su camino a casao en el almuerzo. Herr Noack se puso a trabajar a su ritmo enérgico habitual.

Al llegar a su oficina del gobierno, verificó con su secretario jefe que había dado instrucciones la noche anterior para reprogramar los casos no urgentes para el martes. Su empleado le dijo que todo se manejó sin ningún problema.

Después de escribir explicaciones de por qué los primeros tres casos no urgentes no fueron escuchados, pasó el resto de la mañana haciendo un trabajo ocupado y comenzó a mirar los dos casos de la tarde. Salió de la oficina un poco temprano para almorzar y poder detenerse en el mercado de productos agrícolas a unas dos cuadras de distancia. Seleccionó verduras, pagó y se dirigió a casa a un ritmo más lento, deteniéndose para comprar un periódico y saludar a los amigos que pasaba por la acera.

Cuando llegó a casa, su esposa había puesto a Hans-Jürgen en la cama para una siesta para que estuviera tranquilo para el almuerzo. Le entregó los productos y llevó el periódico al comedor y se sentó. Después de un trago de agua, fue a la cocina y se lavó las manos y luego se volvió a recalenar en el comedor. Su esposa había puesto su té caliente y sopa de cebolla con embutidos, queso y pan sobre la mesa. Mientras terminaba su comida, Johanna trajo un pequeño trozo de strudel de manzana caliente y volvió a llenar su taza de té.

Luciendo tensa, Joanna preguntó: "¿Leíste la carta del S.D. (la Policía Secreta del Estado atendida por las SS políticas y la Gestapo) que te di el domingo?"

Después de limpiarse la boca con la servilleta de tela,

respondió: "Sí, lo hice".

Ella preguntó: "¿Qué estás haciendo al respecto?" Le dijo a su esposa muy preocupada, que estaba llorando: "Es un error. Tengo casi cuarenta años y soy un veterano de combate de la Primera Guerra Mundial. Tengo todos mis documentos militares, incluido mi alta. Además, después de salir del departamento de policía, me dejé fuera de forma. No creo que me quieran. ¿Por qué pareces tan preocupado por un error obvio?"

Ahora llorando, Johanna se sentó en la mesa del comedor y declaró: "Mientras estabas en tu oficina esta mañana, dos oficiales de las SS se detuvieron y dijeron que regresarían después del almuerzo y que hoy irías con ellos a Berlín; ya sea a la Wehrmacht Heer o a la cárcel, fue tu elección". Llorando, dijo que había empacado su bolso según las instrucciones de los dos oficiales de las SS y que "están esperando afuera".

Kurt sonrió y respondió: "Déjalos entrar. Hablaré con ellos. Seguramente es un error. Después de todo, soy un tráfico Magistrate en esta ciudad. No te preocupes tanto".

Johanna mostró a los representantes de S.D. y los sentó en el comedor. Trajo café y se fue, cerrando la puerta.

Los oficiales de las SS bebieron su café y escucharon cortésmente al magistrado Herr Noack explicar su posición. Cuando terminó, el Oficial Superior dijo: "Lo felicitamos por su servicio actual y su servicio en la Primera Guerra Mundial; sin embargo, el Reich está recordando y reclutando a hombres menores de treinta y cinco años, y a todos los hombres con discapacidad de treinta y cinco a cincuenta y dos años, independientemente de los puestos actuales o el servicio pasado, especialmente si tienen experiencia policial o escuela de derecho, y usted tiene ambos. Usted es necesario en los países que podemos ocupar y necesita ser reentrenado brevemente para estar listo para servir. Con su educación, experiencia policial y estado familiar, se le pagará como Maestro / Sargento (Stabsfeldwebel) durante el entrenamiento. Tiene treinta minutos para llamar a su oficina y explicarle que será relevado por un magistrado mucho mayor de Berlín. Despídete de tu familia y reúnete con nosotros en el coche del personal". Se fueron cortésmente.

El magistrado Seguro de sí mismo Kurt Noack parecía sacudido en su alma, pero tenía un labio superior rígido y seguridades para su esposa e hijo. Prometió traer a Hans-Jürgen un bonito toy de Berlín en breve. Johanna hizo todo lo posible para parecer feliz, pero el pequeño Hans-Jürgen sabía que algo no estaba bien. Se despidieron cuando lo llevaron a Berlín.

El ex magistrado Noack miró hacia atrás através de la ventana trasera e hizo todo lo posible para sonreír y saludar a su familia. Mientras conducían hacia Berlín, finalmente se hundió sobre él. Ya no era un respetado Magistrado de Tráfico, sino un Maestro /Sargento de mediana edad que ingresaba a la recapacitación en el Centro de Entrenamiento y Readiestramiento de Berlín.

Cuando se reportó en el centro, los dos oficiales de las SS recibieron una firma para él del oficial de turno y se fueron. Le dieron ropa de cama, artículos básicos de uniforme y botas y le dijeron que habría una breve formación de bienvenida a las 2200 horas en el gimnasio.

Luego lo llevaron a su habitación asignada que compartiría con otro hombre de mediana edad que había llegado el día anterior. Su compañero de cuarto fue muy servicial, y por formación ambos cayeron vestidos apropiadamente.

4

REENTRENAMIENTO: DEL REICHSWEHR HEER A LA WEHRMACHT HEER

El Maestro / Sargento Noack pronto descubrió que la mayoría de los otros ex soldados retirados de mediana edad estaban incrédumos como él,pero alos pocos días cayeron en la rutina de P.T., clases y simulacros. Usando el nuevo uniforme, estaban aprendiendo a cuidar y usar las nuevas armas modelo que fueron una gran mejora en las armas de la Primera Guerra Mundial. La Tde Organización y Equipment (T, O & E) de la Segunda Guerra Mundial es muy diferente y requiere mucho estudio como lo fue la Cadena de Mando. Entrenaron y estudiaron, y el Maestro / Sargento Noack sobresalió. Las tareas más aburridas fueron aprender todos los formularios requeridos para ser completados en los diferentes niveles de mando, Compañía, Batallón, Brigadas, Divisiones,

Ejércitos, Cuerpo, OKH y OKW. La actividad más agradable fue el entrenamiento con armas de fuego; aprender a usar y ser hábil con cada nueva arma.

Debido a su edad y experiencia pasada y los comentarios de sus oficiales de readiestramiento, la mayoría de los reentrenados sabían que servirían en algún nivel de la administración. Sin embargo, entendieron, como todos los soldados de todos los ejércitos, que su deber básico era como soldados de infantería. Si su unidad estaba en un aprieto, serían necesarios en las trincheras o necesarios para reemplazar a un líder caído si fueran los siguientes en la línea por rango. Se entendió.

Jóvenes aprendices en el Centro de Formación deBerlín. Unas horas de descanso en el centro; aún no hay pases. A pocos días de la graduación; convirtiéndose en soldado heer de la Wehrmacht en agosto de 1939.

Kurt Noack, de mediana edad, felicitado por el Oficial de Entrenamiento de Berlín después de su graduación; rango de Stahsfeldwebel (Maestro/Sargento). Recibió sus órdenes al 29º Regimiento de Infantería a finales de agosto de 1939,ascendido de nuevo cuando llegó al 29º Cuartel General de Infantería.

Fue asignado a la 6ª Compañía 2º Batallón del 29º Regimiento de Infantería. El 31 de agosto, fue ascendido a Sargento/Mayor (Hauptfeldwebel). They se trasladó hacia Polonia el 1 de septiembre de 1939, en respuesta a un ataque polaco contra una estación de radio alemana y en los periódicos a finales de agosto. Esto estaba siendo reportado en estaciones de radio y periódicos alemanes.

El 29º Regimiento de Infantería abordó un tren de tropas de Guben a Schneidmusehle; se desentrenaron y comenzaron a marchar hacia el este hasta Gurdziady el 1 de septiembre de 1939. Fue entonces cuando ocurrió su primera batalla contra el ejército polaco.

A pocos días de graduarse, conviértase en soldado Heer de la Wehrmacht, agosto de 1939

5

MUDARSE A POLONIA

Desconocido para Sgt/Major (Hauptfeldwebel) Noack y todas las Unidades Heer de la Wehrmacht que se trasladaron a Polonia el 1 de septiembre de 1939, el ataque de Polonia a Alemania el 30 de agosto había sido un ataque falso orquestado por las S.D. en Berlín. La mayoría no aprendió esto hasta años después.

Dado que el 29° Regimiento de Infantería fue asignado al Kaserne en Guben, que está muy cerca de la frontera polaca como se estableció en 1918, el 29° Regimiento de Infantería fue una de las primeras unidades en ver combate en Polonia. Hauptfeldwebel(Sargento / Mayor)Noack recordó: "No vimos ningún soldado alemán muerto hasta que llegamos a Konitz. Los hombres de la 6ª Compañía, 2° Batallón, 29° Regimiento de Infantería fueron llevados a la ª es una cruda realidad después de haber visto a un joven Comandante Panzer que estaba medio fuera de su Panzer, muerto y ardiendo con su Panzer. La vista y el olor de la carne quemada fue la primera vez para los jóvenes soldados. Ahora tenían su bautismo". Agregó: "Desde la frontera hasta Konitz habíamos sufrido muchas heridas y heridas menores, pero esta fue la primera muerte de uno de nosotros, y el hecho de que fuera un oficial realmente impulsó la realización de nuestra mortalidad".

Desde Konitz informó: "Nos movimos hacia el este y luego hacia el sur durante dos días, encontrando ataques esporádicos y recogiendo a los soldados polacos que se rendían en el camino. Renunciaron a todas las armas, pero se les permitió mantener su otro equipo. Moviéndonos en dirección a Varsovia con prisioneros de guerra a cuestas, ocasionalmente fuimos atacados, especialmente cuando estábamos cerca de ciudades rurales y particularmente cuando nos deteníamos para dar a nuestras tropas y prisioneros de guerra un breve descanso. Los ancianos, hombres, niños y mujeres nos gritaban mientras tomaban nuestros descansos; esto fue ignorado y a veces los prisioneros de guerra les gritaban advertencias. Desafortunadamente, en más de una ocasión, a medida que nos acercábamos a Varsovia, los civiles emocionalmente perturbados e indignados corrían hacia nosotros con horcas, hachas, cuchillos de carnicero y palos. Los prisioneros de guerra gritaban, pero estaban tan enfurecidos que seguían viniendo. Nuestras jóvenes tropas tenían órdenes permanentes de gritar un disparo de advertencia para soltar su arma; si seguían viniendo con su arma, podían disparar. Algunos jóvenes soldados obedecieron, pero algunos se enfrentaron a su propia posible muerte simplemente dispararon cuando los vieron venir hacia ellos. Los que tenían heridas que no amenazaban la vida fueron tratados por uno de nuestro equipo de médicos y un médico de prisioneros de guerra, y luego se quedaron atrás cuando nos mudamos". Aquellos con heridas graves fueron dejados para la evacuación civil a los médicos locales.

"En nuestra marcha hacia Varsovia vimos pequeños aeródromos bombardeados y ninguna Fuerza Aérea Polaca en los cielos. Además, la resistencia del ejército polaco estaba disminuyendo rápidamente a medida que recogíamos más y más soldados polacos que se rindieron".

A finales de septiembre, antes de llegar a Varsovia, se ordenó al 29° Regimiento de Infantería que se detuviera y entregara a todos los prisioneros de guerra hasta el final en el camino hacia nosotros. Luego debíamos permanecer en el lugar hasta nuevas órdenes, manteniéndonos alerta, y defender nuestra posición, sin retirarnos.

La rendición de Polonia fue aceptada el 27 de septiembre de 1939, pero la guarnición de Varsovia logró luchar hasta el día 28 de septiembre, mostrando gallardía defendiendo a su país.

El 29° Regimiento de Infantería recibió la orden de regresar a su Kaserne en Guben, Alemania, el día 27 de septiembre y se dirigía a casa cuando la guarnición polaca cayó en Varsovia.

Los soviéticos se trasladaron y reclamaron aproximadamente la mitad de Polonia, disparando muy pocos tiros y sufriendo muy pocas bajas. La Wehrmacht Heer, las Waffen SS y la Luftwaffe tuvieron alrededor de 10.500 muertos y otros treinta y seis mil heridos, así como tres mil desaparecidos. Las pérdidas polacas fueron mucho peores, pero las pérdidas soviéticas fueron menos de cien, y se les permitió ocupar la mitad oriental de Polonia.

En un nivel micro, Hauptfeldwebel Noack había informado que el 2º Batallón del 29º Regimiento de Infantería perdió doce muertos en acción, cien resultaron heridos y ninguno desapareció. La evaluación de Noack de la Campaña Polaca fue: "Polonia no tenía un ejército moderno. No faltan hombres valientes, pero la caballería a caballo no puede enfrentarse a los Panzers. Fue una locura. Su gobierno debería haber negociado la paz el día que entramos en Polonia". Por supuesto, en ese momento, él y otros alemanes no sabían que Alemania no había sido invadida por Polonia a fines de agosto de 1939. Había sido un ataque falso planeado y ejecutado por el SD en una estación de radio alemana.

6

REGRESO AL OESTE Y LA LARGA ESPERA

En la ruta de regreso a Alemania, el 29° Regimiento de Infantería se detuvo en Radom en el centro este de Polonia para obtener suministros y reemplazos que habían estado en ruta antes de la rendición, y luego el placer de tránsito de regreso a su Kaserne en Guben, Alemania.

Este fue un gran regalo para el sargento / mayor Kurt Noack, ya que su familia estaba en Cottbus, a menos de una hora en motocicleta del Kaserne en Guben. Con su rango y hábitos de trabajo diligentes, podía encajar en un viaje rápido a casa cuando su trabajo se completaba varias veces al mes.

Después de que se contabilizaron todos y se restablecieron las rutinas normales de Heer, los heridos fueron enviados a casa para recuperarse. A pesar de que su 2ºBatallón tenía una de las tasas de bajas más bajas, encontró su moral baja. Esto le molestaba, pero sabía la respuesta: mantenerlos demasiado ocupados para pensar en la experiencia pasada reciente. Noack desgastó a los empleados de su compañía haciendo y cambiando los horarios de entrenamiento semanales que eran consistentes con el horario semanal del Batallón, pero agregó tiempo extra derribando y rearmando sus armas y tiempo extra para P.T. y el campo de tiro. También agregó una sesión vespertina para familiarizarlos con las armas de la infantería aliada y el reconocimiento de la armadura y los aviones enemigos. La moral mejoró y su Comandante de Compañía estaba complacido.

Aproximadamente dos veces al mes se le permitía un pase para ir a casa durante veinticuatro horas usando una motocicleta del Batallón. Sabía que lo peor estaba por venir e hizo todo lo posible para que las tropas de la 6ª Compañía, el 2º Batallón estuvieran físicamente en forma y por delante de otras tropas en el campo de tiro. Su excelente familiaridad con las armas enemigas en caso de que algún día necesitaran recogerlas y defenderse y Kameraden con armas aliadas ayudaron a mejorar la moral. Pensó para sí mismo: "La edad seguro que el infierno tiene desventajas físicas, pero te ha dado experiencia que puede salvar tu vida y la vida de los hombres que dependen de ti".

Permaneció en su posición con el 29° Regimiento de Infantería hasta principios de la primavera de 1940, mientras que también disfrutaba de su tiempo algunos fines de semana al mes con su esposa, Johanna, y su hijo en crecimiento, Hans-Jürgen.

Zugführer Noack, centro, con un oficial superior
(frente a la derecha) en la Selva Negra en el camino al Rin y
Francia, mayo de 1940

Oficiales y hombres del 323º Regimiento de Infantería
tarde antes de cruzar el Rin hacia Francia,
15 de mayo de 1940, madrugada

7

INVASIÓN DE FRANCIA: DEJA VU

En la primavera de 1940 fue transferido a la Segunda Compañía, Primer Batallón, el 323º Regimiento de Infantería y ascendido al rango de Zugführer. Este no es un rango regular, pero está por encima del rango de sudoficial más alto, aunque por debajo del rango de subteniente (Leutnant). Sin embargo, los deberes eran los mismos que los de un subteniente, líder de pelotón, y solo reportaban al Comandante de la Compañía al igual que otros oficiales subalternos. El Zugführer Noack fue nombrado comandante de tres grupos, del tamaño de un pelotón. Él y sus hombres fueron enviados a Magdeburgo para entrenamiento durante varias semanas y luego regresaron al 323º Regimiento de Infantería Kaserne.

El 323º Regimiento de Infantería estuvo afinando sus unidades durante los primeros diez días de mayo de 1940 para un regreso al combate. Zugführer Noack trabajó día y noche para preparar a sus tres grupos o destacamento. Algunos habían visto un breve combate, pero muchos eran vírgenes. Ahora, como oficial, no iba a aligerar la supervisión.

El 12 de mayo de 1940, el32º Regimiento delnfantería abordó un tren de tropas a Freudenstadt, luego una marcha forzada por la noche a la frontera francesa. Se quedaron camuflados en el bosque durante el día (buen entrenamiento para más tarde). El 15 de mayo cruzaron el río Rin hacia la región de Alsacia en Francia. Como muchos alemanes vivían en Alsacia, Francia y Alemania habían luchado por ella antes,todavía era considerado alemán por muchos residentes y ciudadanos alemanes.

Temprano en la mañana del 15 de mayo de 1940, en la zona iluminada más pobre cerca de Friburgo, pusieron sus balsas de goma y pequeñas embarcaciones en el Rin y cruzaron a

Francia. Algunas pequeñas unidadesde artillería alemanas permanecieron en el lado alemán del Rin proporcionando cobertura de humo. Francia e Inglaterra habían declarado la guerra contra ellos en 1939 en apoyo de Polonia, por lo que la entrada en Francia no fue inesperada por las tropas francesas. Lospartisanos franceses también estaban listos.

La 323ª Infantería cruzó a Alsacia y comenzó su marcha hacia la región de Alsacia con una oposición menor al principio, luego aumentando la resistencia de una acción de retirada francesa y disparos partidistas esporádicos. Se estaban retirando más rápido de lo que nosotros estábamos avanzando. Tuvimos que luchar contra su guardia y partisanos para alcanzar a su cuerpo principal.

Cuando el Zugführer Noack pasó por una pequeña iglesia, pensó: "esta es al menos la tercera vez que los soldados alemanes han pasado por este camino tratando de recuperar a nuestros ciudadanos yterritorio; ¿cuántos de nosotros seremos heridos o muertos esta vez?" Tomó una instantánea de la iglesia y dijo una oración silenciosa por sus tropas y por sí mismo. No tuvo tiempo de conseguir una cámara antes de Polonia, pero se aseguró de tener varias esta vez con mucha película en los suministros de su destacamento.

El 323º Regimiento de Infantería se movió lentamente hacia Francia y subió una montaña cerca de Kayserberg con las tropas y partisanos franceses retrocediendo tan rápido como pudieron. Tuvimos un enfrentamiento esporádico con sus tropas con algunos en pantalones rojos, haciendo blancos fáciles en el terreno, así como con francotiradores partisanos que no eran muy buenos para camuflaje.

Unos diez días después de este tipo de acción que se movía hacia la región contigua conocida como Lorena (Alsacia / Lorena), el 323º se detuvo en su lugar y se ordenó a los oficiales y suboficiales superiores que vinieran a la retaguardia para un meeting. El Zugführer Noack se aseguró de que sus hombres supieran tener guardias perimetrales doblemente bien armados sobre su área en todo momento y rotar descansos con nuevos guardias cada hora y luego se unieron a los demás con su sudoficial de destacamento superior.

Cuando todos regresaron a las líneas del frente, los oficiales y suboficiales descubrieron que dos escuadrones de otro batallón no habían tenido guardias perimetrales adecuadas, teniendo solo dos. El resto de los dos escuadrones habían apilado sus rifles cerca de la orilla de un afluente, se habían quitado el uniforme y habían ido a nadar. Estos soldados tenían entre diecisiete y veinte años de edad. Los partisanos franceses habían degollado a los dos guardias y habían disparado y matado a todos en el agua y en la costa.

Después de que todas sus imágenes fueron documentadas, fueron enterrados juntos en una fosa común. El capellán dijo las oraciones habituales en la tumba y algunos alemanes que vivían en la ciudad más cercana que estaba bajo el control de

Heerfueron lo suficientemente amables como para traer flores. Solo quedó un casco Wehrmach Heer para marcar la fosa común. Algunos de los civiles alemanes varones prometieron mantenerse en contacto si descubrían qué grupo partisano mató a los soldados. Fue una noche triste.

Noack pensó para sí mismo mientras se preparaba para dormir esa noche con guardias adecuados: "Esos niños todavía pensaban que todo era un juego y pidieron tiempo fuera. La guerra no funciona de esa manera".

En menos de seis semanas los franceses se rindieron. Más tardefirmó la rendición en la misma ciudad que Alemania había rendido en 1918; Compiegne, el 22 de septiembre de 1940.

A partir de la rendición francesa, Bélgica se rindió, y Holanda ya se había rendido. Dinamarca se había rendido el día en que las tropas alemanas pisaron Dinamarca para evitar muertes y lesiones innecesarias. Con el apoyo británico, Noruega luchó durante unos dos meses, pero se rindió el 10 de junio de

1940.

Esto era algo embriagante para los jóvenes oficiales y suboficiales, pero los oficiales y suboficiales mayores que habían sido derrotados en 1918 pensaron que era prudente tomar un día a la vez y enfatizar la preparación.

El 323º Regimiento de Infantería, junto con otras unidades, recibió la orden de permanecer en su lugarhasta que se emitieran nuevas órdenes para la transición al servicio de ocupación. Después de que al Zugführer Noack y su destacamento se les asignaron cuarteles, recibieron nuevas órdenes que les exigirían organizar el trasladode suministros de Alemania a Colmar, Francia. Colmar está en Alsacia y es una ciudad hermosa. En el Rin, era perfecto para un depósito de suministros y un centro de transporte.

Noack y su destacamento no desperdiciaron tiempo en establecer rutas desde Alemania a Francia y a todos los sitios futuros que necesitarían suministros en un horario preciso.

Noack y sus hombres fueron ordenados a permanecer en el funcionamiento del Centro de Suministros y Sistema de Transporte deColmar.

El resto del 323º Regimiento de Infantería fueordenado a Saarbruchen a pie. Esto tomó un tiempo. Después de llegar a este destino, tenían órdenes esperando a mediados de julio para abordar un tren de tropas a las afueras de Berlín. En su honor, debían descansar y limpiarse y luego marchar a Berlín con los ciudadanos animándolos el 19 de julio de 1940. Después de esto, marcharían hacia Spandau, que en ese momento era un gran centro de entrenamiento militar. Más tarde se convirtió en la prisión que albergaba a famosos ex oficiales superiores condenados por el Tribunal Aliado en Nuremberg.

Antes de que Noack y sus hombres se reincorporaron a la 323ª Infantería a fines de agosto de 1940, fueron inspeccionados en el centro de suministros por el Reichschancellor Adolph Hitler personalmente. ¡Pasaron la inspección!

El 323º Escuadrón de Infantería se establece en Alsacia

323.º de Infantería, mayo de 1940, en un descanso de una hora después de moverse 30 km en Alsacia

323rd Infantry Soldiers escorting French POWs to drop off point

Creación de un arma servida por la tripulación en Francia

323.º Regimiento de Infantería y Prisioneros de Guerra en Francia tomando un breve descanso

Con una guardia perimetral adecuada, los oficiales disfrutaron de un descanso en Alsacia. Francia se había rendido, los partisanos eran ahora la resistencia.

Iglesia en Alsacia que hizo que el Zugführer Noack pensara en las guerras pasadas en Alsacia

MONUMENTO A LA INGENUIDAD

Una fosa común en Alsacia para dos escuadrones de soldados adolescentes de la Wehrmacht. Al no haber puesto una alerta de doce guardias perimetrales armados como entrenados, mientras que los suboficiales y oficiales fueron llamados de regreso a la sede temporal, estos adolescentes solo tenían dos guardias perimetrales con rifles. Veinte adolescentes apilaron sus rifles, se quitaron sus uniformes y fueron a nadar en un arroyo de Alsacia. Los partisanos franceses de los que habían sido advertidos mataron a los dos guardias primero y luego dispararon a los otros dieciocho. Un triste Zugführer, incluso años más tarde, dijo: "Simplemente no entendieron que esto era una guerra, no un juego".

8

MARCHA DEL MANDO A BERLÍN Y SPANDAU

Cuando el 323° Regimiento de Infantería marchó hacia Berlín, las multitudes que vitoreaban estaban bien orquestadas por los responsables, pero realmente no era necesario ya que los ciudadanos de la zona estaban muy contentos y orgullosos de sus soldados. Alsacia había sido una píldora amarga desde 1918 entre los alemanes y este era su momento para celebrar. Las noticias dentro de Alemania estaban estrictamente controladas. Todas las noticias impresas y la radio tuvieron que ser aprobadas o cerradas, y solo se permitióla información que había sido cuidadosamente examinada y moldeada para no entrar en conflicto con los planes delgobierno. Sin embargo, el ciudadano promedio estaba contento, disfrutando de pleno empleo, ingresos adecuados, buena atención médica, una autopista que era insuperable. Herr Porsche había cumplido con la orden del Canciller del Reich Hitler de producir un automóvil que todas las familias pudieran pagar. Cinco años después de que comenzara el Tercer Reich, los primeros Volkswagen comenzaron a salir de la línea de producción en 1938. Para la mentalidad de la gran mayoría de los ciudadanos, era como Voltaire había dicho en una sátira: "Era el mejor de todos los mundos posibles", aunque fuera por un tiempo.

A diferencia del emperador romano Nerón de la dinastía Julio-Claudian que controlaba fácilmente a los ciudadanos romanos con "bleer y circuses", Adolfo Hitler sabía lo que mantenía a sus ciudadanos bajo estricto control pero felices, contentosy productivos.

Después de salir de Spandau el 20 de julio de 1940, el 323º Regimiento de Infantería fue estacionado en un centro de entrenamiento en Döbertiz. Noack y sus hombres se unieron a ellos en agosto.

323º coche de infantería en Berlín después de su marcha en el desfile de Berlín y en Spandau, el 19 de julio de 1940.

Miembros del 323º Escuadrón de Infantería a la espera de ser llamados a la atención en la zona de Döbertiz. Estaban allí para reemplazos, reabastecimiento y nuevos pedidos.

Cuando los hombres de la 323ª Infantería recibieron sus órdenes, el Zugführer Noack se sorprendió al ser transferido a Dinamarca con su destacamento para el servicio de ocupación.

Zugfruehrer Noack y algunos de sus hombres en ruta a Dinamarca para el servicio de ocupación; Invierno de 1941.

Después de llegar en barco a Dinamarca, se trasladaron a través de varias ciudades hasta abril de 1941, luego fueron a Jute hasta julio de 1941 y luego pasó a Tonder. Finalmente, al instalarse, ¡todo cambió! La "Operación Barbarroja" había comenzado el 22 de junio de 1941.

Todos los oficiales, suboficiales y soldados más jóvenes debían ser transferidos al frente oriental, mientras que todos los oficiales mayores, suboficiales. y los soldados debían ser transferidos a Dinamarca y otros países ocupados. El Zugführer Noack de mediana edad fue transferido al Kammandantur en Kolding, Dinamarca. Se despidió de sus hombresy de Kolding.

Noack con oficiales y civiles alemanes que vivían en Dinamarca en 1942

Personal de Noack en Kammandantur en Kolding, Dinamarca. Fotos que le enviaron después de su traslado con una cálida nota personal de sus hombres. Tenga en cuenta que todos están desarmados frente a su edificio de oficinas..

9

ORDENADO A DINAMARCA PARA EL SERVICIO DE OCUPACIÓN

Desde agosto de 1940 hasta enero de 1941, el Zugführer Noack y su destacamento estuvieron en entrenamiento para los detalles finos de trabajar y supervisar un gobierno civil y qué información documentada debe clasificarse y enviarse a Berlín. Durante febrero, la 323ª Infantería tenía el servicio de Kaserne, mientras que los permisos cortos a casa se rotaban entre los hombres alistados, los suboficiales y los oficiales.

Durante marzo de 1941, el 323º Regimientode Infantería fue transportado a Warnemunda en Rostock, Alemania, en el Mar Báltico junto con el 218º Regimiento de Infantería en tren y luego en barco a la pequeña ciudad portuaria de Gedser, Dinamarca. Aquí se separaron el 323° Regimiento de Infantería y el 218° Regimiento de Infantería. El 323° fue a Korsor justo debajo de Halsskov, Dinamarca. Las tropas dormían en escuelas y en un hotel. A finales de abril, el 323° Regimiento de Infantería fue a Jutlandia, descansó, y luego a Tonder, Dinamarca, en julio.

Mientras la 323ª Infantería se integraba en las tareas de ocupación requeridas en Tonder, la "Operación Barbarroja" había comenzado con la invasión de Rusia. La Wehrmacht Heer y las Waffen SS necesitaban a todos los soldados, suboficiales y oficiales más jóvenes en el frente ruso. Los soldados mayores, suboficiales y oficiales fueron transferidos al servicio de ocupación en los diversos países ocupados en ese momento, y los hombres más jóvenes se dirigían a las unidades alemanas que necesitaban reemplazos. A finales de julio de 1941, el Zugführer Noack hizo que su suoma mayor reuniera a su destacamento en una fiesta informal para despedirse, ya que tenía órdenes de transferirlo solo al Kammandantur en Kolding. La fiesta fue una despedida agradable, aunque agridulce, para todos los que habían compartido tanto juntos. El viejo soldado que les había enseñado tanto iba a Kolding, y la mayoría de sus hombres probablemente serían reemplazos que regresarían al combate mortal. Prometieron mantenerse en contacto, y él y sus hombres dijeron: "Auf Weidersehen".

Después de presentarse para el servicio en Kolding, se le informó sobre sus deberes y conoció a su nuevo personal. Después de una semana más o menos, estaba familiarizado con todos sus deberes y, como de costumbre, estudió todas las regulaciones relevantes que controlaban sus deberes y comportamiento personal. En dos semanas, él y su pequeño personal estaban trabajando bien y ahora estaba tomando las decisiones. Sus deberes incluían facturar a las tropas entrantes y ser uno de los oficiales de enlace que se reunía con funcionarios civiles daneses. También fue responsable de todos los materiales clasificados de los asuntos de la Wehrmacht Heer desde agosto de 1941 hasta agosto de 1943.

La "Operación Barbarroja" se había enfrentado a la Wehrmacht con grandes pérdidas en nieve y hielo no muy diferentes a Napoleón en un siglo anterior. Habían comenzado demasiado tarde debido a consideraciones políticas en Berlín. La operación cesó.

Esto significaba que lossitios de ocupación estaban recibiendo algunas tropas más jóvenes con habilidades clericales o habilidades especializadas nuevamente. Su personal estaba bien entrenado y funcionaba sin problemas, al igual que sus relaciones con los funcionarios civiles daneses. Cuando se le preguntó sobre los residentes judíos en Dinamarca en 1966, durante una de las entrevistas, declaró: "Hasta donde yo sé, había entre siete y ocho mil ciudadanos judíos en Dinamarca durante mis dos años allí. No recuerdo ningún incidente que los haya relacionado durante mi tiempo allí. Si hubiera habido algún movimiento de cualquier grupo de ciudadanos daneses de Dinamarca, habría visto el papeleo requerido y lo habría clasificado. Ninguno cruzó mi escritorio".

Al igual que con todos los ejércitosy probablemente a lo largo de la historia, cuando las cosas vanbien, ¡cuidado! ¡Era hora de transferirse de nuevo!

Zugführer Noack had comentó muchas veces que su tiempo en Dinamarca (1941-1943) fue un deber seguro y agradable. Declaró que sus relaciones y negocios oficiales con empresarios daneses y funcionarios políticos eran mutuamente respetuosos. Encontró que estos individuos eran de buen carácter y cooperativos. Le gustaba trabajar con ellos para llevar a cabo sus deberes.

Otoño de 1941 Sede de Kolding. Desde la izquierda, 1° sentado, Zugführer Noack

Cena del comandante, otoño de 1941 KoldingDinamarca; Noack 2º atrás desde el centro

Misma cena, otoño de 1942, 1ª lejos left es Zugführer Noack

Partido del personal, Kolding; Sentado a la extrema derecha está el Zugführer Noack

Bebidas con elComandante, Kolding, Invierno 1941. Primero sentado a la derecha Zugführer Noack

Cena de oficial y sumo subatario, otoño de 1942. Noack dijo: "Siempre último en salir de la fiesta". Noack sentado a la derecha.

Partido de cuarteles, alistados, suboficiales y Zugführer Noack (sentado a la cabeza de la mesa), Dinamarca, Kolding, 1942

Partido para Oficial con chaqueta blanca, 20 de septiembre de 1942, Kolding Dinamarca

Cena del comandante en Kolding, Dinamarca, 26 de agosto de 1941

Soldados del 323º regimiento de infantería llegan a Tonder, Dinamarca, junio de 1941

10

VUELTA AL COLE

En agosto de 1943, el Zugführer Kurt Noack fue comisionado como subteniente. Fue transferido a SChool en Frankfurt en el Oder para más entrenamiento legal en derecho militar. Con su experiencia pasada en la escuela de derecho y en el magistrado de tráfico, fue un bienvenido regreso a la ley, y le dio tiempo para olvidarse de su llamada cercana durante el viaje en tren de camino a Hamburgo y Frankfurt / Oder. El tren se había convertido en un objetivo de oportunidad para los B17 del Cuerpo Aéreo del Ejército de los Estados Unidos. Sus bombas sacudieron el tren y la metralla causó algunas heridas leves, pero el tren llegó a su destino.

Después de graduarse, Noack fue ascendido a teniente primero (Oberleutnant) y se le permitió una breve licencia para visitar a su familia en Cottbus, que ahora había crecido con el nacimiento de su hija, Hannelore Heidi Brigitte, el 4 de mayo de 1941.

Después de un gran, aunque corto, regreso a casa, Oberleutnant Noack partió en camino a la 451ª Compañía de Reemplazo en Alemania para hacer trabajo legal para las tropas que se dirigían a los frentes. Una vez más, esto significaba que podría visitar a su familia durante las horas fuera de servicio, pero rara vez podría llegar a casa durante veinticuatro horas.

11

TRASLADO A ATENAS Y CRETA

Oberleutnant Noack fue finalmente asignado a la 22ª División de Infantería como oficial legal. En junio de 1944, poco después del Día D, fue transferido con la 22ª División de Infantería a Creta, pero se le permitió una parada en Atenas durante diez días para obtener nuevos uniformes de oficial y materiales que necesitaría para su trabajo legal. Señaló la mayor seguridad que había vistohasta ahora durante la Segunda Guerra Mundial. También notó baja moral entre las tropas que estaban muy restringidas.

En julio de 1944, fue enviado en servicio temporal a Frankfurt / M ain para representar a diecisiete soldados Heer de la Wehrmacht alistados que habían sido condenados por ser AWOL durante lafase de sentencencia de su juicio. La fiscalía exigía la pena de muerte. No podía visitar a su familia ya que tenía demasiado trabajo que hacer para dar a los soldados de AWOL la oportunidad de escapar de la pena de muerte. Sin embargo, durante un fin de semana, su esposa, Johanna, pudo llegar en tren para una visita de un día, trayendo fotos de Hannelore y Hans-Jürgen. Esta ruptura era justo lo que necesitaba para escapar del estrés de la vida militar y su responsabilidad con los diecisiete soldados condenados pendientes de sentencia.

Volvió a sus entrevistas de cada hombre y al estudio de su historia de combate y elogios. El Oberleutnant Noack hizo una apasionada súplica de misericordia para estos hombres que habían servido con gallardía durante el combate y estaban perturbados emocionalmente por la muerte y la destrucción que habían presenciado. Los diecisiete se salvaron de la pena de muerte, aunque recibieron sentencias severas en una prisión militar. Noack había hecho bien su trabajo. Empacó sus documentos legales y equipaje y regresó a Creta en transporte aéreo militar.

12

DERECHO DE CRETA

Cuando Noack regresó a la 22ª División de Infantería, descubrió que sus empleados tenían una lista sólida de citas programadas para él con tropas que necesitaban voluntades y también otros asuntos legales que debían completarse. Se mantuvo ocupado tratando de poner en buena forma las necesidades legales de las jóvenes tropas. Permaneció muy ocupado hasta el otoño de septiembre de 1944.

13

EN YUGOSLAVIA: EN PELIGRO

Todos los oficiales fueron llamados al cuartel general de la división para una sesión informativa del Comandante de la División de acuerdo con la memoria de Noack. Dio la visión general, diciéndoles que todas las armas pesadas y la mayoría de los suministros se dejarían en Creta. Se les permitió una pequeña bolsa para artículos personales y uniformes con armas laterales. Las tropas se limitarían a los uniformes y armas ligeras especificados que se les asignaran a ellos o a sus escuadrones. Tropas, suboficiales y oficiales de grado de la Compañía volarían en transportes Junker esa tarde. Toda la división llegaría a un aeródromo militar en Atenas esa noche. Los suministros y la munición se emitirían más tarde en Tesalónica, Grecia. Las tropas serían alimentadas en el aeródromo y embarcadas por un corto tiempo antes de abordar un tren de tropas para un viaje nocturno a Tesalónica a finales de ese mes. Después de obtener munición para todas las armas ligeras y otros suministros, marcharían hacia el norte y acamparían en un área aislada antes de comenzar su misión. Esta sería una entrada rápida en Yugoslavia justo al oeste y al norte de Kilkis.

El Comandante de la División declaró: "Nuestro objetivo no es el territorio, sino encontrar bolsas de soldados de la Wehrmacht cerca de Skopje,Prishtina y debajo de Kragujevac que están atrapados. Nos trasladaremos al lado este del río Vardar y nos moveremos de acuerdo con la información de nuestros suboficiales de Recon. Evaluaremos el tamaño de las tropas enemigas que rodean a nuestros soldados y atacaremos con la fuerza más que adecuada para abrir un camino para nuestros hombres mientras el resto de la División continúa avanzando hacia el siguiente objetivo. Lucharemos contra los partisanos comunistas, los troops deTito, y la posibilidad de asesores soviéticos, tal vez otras tropas, ya que OKH informa que los soviéticos se están moviendo a través de Bulgaria y Rumania. Después de llegar y liberar a nuestro último grupo, nos moveremos lo más rápido posible lejos de sus tropas hacia Visegrád.

Es seguro, y luego a Sarajevo para la hospitalización de los heridos, los suministros y las nuevas órdenes de nuestro Comandante del Cuerpo".

El Comandante continuó, según el recuerdo de Noack, "Todos los oficiales con posiciones que no son de combate ahora están siendo reasignados de acuerdo con sus rangos a posiciones de Compañía o Batallón. Sus pedidos serán entregados en Atenas en la pista de aterrizaje. Cuando reciba sus nuevas asignaciones, informe inmediatamente a su nuevo Comandante para obtener instrucciones y facturación". El Comandante de división les deseó lo mejor y les dijo: "Nos vemos en Atenas".

Después de ser despedido, el Oberleutnant Noack llevó su pequeña maleta al Cuartel General de la División para su transporte con ellos al gran transporte trimotor Junker. Al abordar el transporte Junker, se dio cuenta de que había olvidado su cámara y su película. Estuvo enojado consigo mismo durante aproximadamente un minuto. Se preguntó cuáles serían sus órdenes. Independientemente de cuál sea su especialidad, todos los soldados saben que en combate son soldados de infantería básicos primero; su especialidad es primero cuando no están en combate. Naturalmente, un oficial tiene que estar listo para asumir el mando si su comandante es asesinado o no puede funcionar y él es el oficial de más alto rango. Noack recibió sus órdenes en la pista de aterrizaje de Atenas e informó al Batallón y compañía que fue asignado como segundo al mando. Su nuevo oficial al mando era un joven Captain(Hauptmann)con una experiencia mínima en combate, pero cordial y en privado dijo que estaba feliz de tener un veterano de combate experimentado con él.

A finales de septiembre de 1944, abordaron el tren. Elviaje en tren nocturno no fue agitado. Se desentrenaron y vieron comida esperándolos. Después de comer, tuvieron una hora para relajarse antes de salir en su marcha hacia el campamento camuflado aislado al noroeste hacia la frontera. Su Batallón había estado en medio de todas las unidades de la División marchando hacia su campamento. Aquí emitían munición a individuos y escuadrones con armas servidas por la tripulación como morteros y escuadrones de ametralladoras de tres hombres (MG42). A su llegada se les asignaron tiendas pre-erigidas con sacosde dormir. Las tiendas serían dejadas atrás y retiradas por un detalle de Atenas, que se aseguraría de que el área fuera devuelta a un estado prístino para que nadie pudiera decir que una división había acampado allí.

Noack se hizo cargo de la compañía, mientras que el Comandante asistió a múltiples reuniones durante los siguientes tres o cuatro días con los oficiales del Batallón. Se reunió con los suboficiales de la compañía y les ordenó que todas las armas se limpiaran e inspeccionaran por ellos. Les dijo que prestaran mucha atención a las ametralladoras y morteros y que se aseguraran de que los hombres que llevaban el suministro limitado de Panzerfausts supieran cómo manejarlos y dispararlos si se encuentran con armaduras enemigas o posiciones fortificadas. Los suboficiales sabían sin preguntar que era un veterano de combate y esto alivió sus preocupaciones. También recorrió la zona dando a las tropas indicaciones sobre cómo mantener sus armas en las mejores condiciones de funcionamiento en todo momento.

La División comenzó a moverse hacia Yugoslavia el domingo

8 de octubre de 1944. Fue un día despejado con temperaturas a mediados de los años cincuenta. Los exploradores de la Primera Brigada llamaron a Recon info al Oficial de Operaciones de la 22ª División de Infantería. Transmitió la información a todas las Brigadas, que la transmitieron a Batallones y Compañías. Estábamos en el Prod a las 0700 moviéndonos según lo ordenado, bloqueado y cargado.

Gracias al gran trabajo de los hombres de avanzada del Recon, que se rotaba entre las Brigadas cada dos o tres días, esto aseguraba el estado de alerta. Evitamos el contacto innecesario con el enemigo sosteniendo o haciendo amplios movimientos serpentinos. Se evitaron muchos pequeños compromisos innecesarios. Después de que se corrió la voz de que estábamos en su dominio, los partisanos, los t roops deTito ylos soldados búlgaros estaban en el Prod por nosotros. A partir de este momento estuvimos enfrentando pequeños ataques de pelotón a compañía y repeliéndolos. Para cuando llegaron sus refuerzos, ya nos habíamos ido. Sus muertos y heridos los esperaban y los ataba durante al menos unas horas, lo que nos permitía aumentar nuestra distancia de ellos.

Después de hacer retroceder al enemigo, nuestro primer gran enfrentamiento en Dojoransko, cerca de un lago, aceleramos nuestro movimiento hacia Skopje con el Vardar en nuestro lado oeste. Nuestro plan para las tres áreas objetivo para rescatar bolsas de nuestros hombres o cualquier otra bolsa de hombres que encontramos era el mismo: golpear al enemigo con unafuerza deargerl, luego avanzar hacia el siguiente bolsillo de tropas y luego a nuestra línea de seguridad, el río Drina. Nos movíamos hacia los hombres atrapados con el número de Compañías o Batallones necesarios a izquierda y derecha para abrumar a los soldados enemigos.

Había otro grupo de partisanos, los partidarios reales que se habían aliado con nosotros, pero como entendieron que su futuro era Tito, no la realeza, ya no eran dignos de confianza. Habían ayudado a los Aliados recientemente, pero no había forma de saber cómo iban a actuar en un día determinado, por lo que si nos topábamos con ellos, se nos advertía que evitáramos el contacto si era posible, pero que estuviéramos preparados para luchar.

Mientras se movían hacia los soldados atrapados, dos grupos harían retroceder al enemigo, haciendo un corredor hacia nuestra División, que continuaba moviéndose lentamente hacia el norte. La última Brigada tendría Batallones protegiendo la retaguardia desde el este y el surde todoslos soldados con suministros que pudiéramos llevar, y otros suministros serían volados y quemados. Los soldados rescatados serían asistidos a integrarse en nuestra formación con la ayuda de los médicos y nuestros soldados. La last Brigade lucharía contra una acción de retirada a medida que avanzamos hacia nuestra próxima ciudad o área de la ciudad especificada.

Después de Dojoransko luchamos nuestro camino a Skopje en escaramuzas diarias hasta que finalmente llegamos a Skopje a principios de noviembre de 1944. Nuestro plan de acción funcionó con intensos combates durante cuatro días hasta que el corredor fue lo suficientemente ancho y seguro, con la excepción del fuego de francotiradores en retirada. Al quinto día, la 22ª División estaba en camino hacia Prishtina con el Cuartel General de la División que se había movido para unirse entre las dos últimas brigadas. Naturalmente, la última brigada estaba en una postura defensiva protegiendo la retaguardia del ataque. En el camino a Pristina vimos basura desechada de sus fuerzas principales. Parecían dividirse en dos cuerpos principales, uno que iba hacia Belgrado y otro hacia Albania. No sabíamos lo que estaban haciendo, pero fue una buena señal mientras nos dirigíamos a nuestro próximo objetivo.

Cuando llegamos a Prishtina,con escaramuzas ocasionales en el camino, era finales de noviembre con temperaturas más frías convirtiéndose en un factor, pero usamos las mismas tácticas que estaban planeadas. La práctica hace la perfección, y pudimos rescatar a nuestros hombres, junto con los suministros, más rápido. Estábamos de vuelta en camino a nuestra última área debajo de Belgrado detrás de una de las grandes fuerzas enemigas para lo que se convirtió en un combate muy pesado cuando encontramos nuestro último grupo de soldados de la Wehrmacht cerca de Kragujevac. Nuestros hombres estaban rodeados por tropas yugoslavas bien entrenadas que habían luchado junto a los soviéticos (rusos), así como por grandes grupos de partisanos comunistas que llenaban las áreas más débiles de sus líneas. Nos movimos a través de densas áreas forestales hacia las afueras de la pequeña ciudad y luchamos con la fuerza más grande que habíamos encontrado. Con todas las brigadas involucradas en el mismo tipo de operación para liberar a nuestros hombres, finalmente tuvimos éxito, pero ambas partes tuvieron bajas significativas. Después de obtener todas las identificaciones de nuestros muertos, nos movimos hacia el oeste, luchando contra una acción de retirada durante unos diez días mientras seguíamos moviéndonos hacia el oeste hacia el norte hacia el río Drina y la seguridad.

A unos dos días del río Drina, según nuestro cálculo, uno de los suboficiales de Recon a la derecha de nuestra posición descubrió a cuarenta demacrados y desorientados Wehrmach vendidosen un área aisladaque habían sido parte de la retaguardia de los soldados en retirada que eran los restos de una División que había escapado de Belgrado cruzando el río Sava en Šabac. Muchos habían marchado de oeste a norte rumbo a la seguridad en Visegrád. Su división había sido virtualmente destruida en feroces combates en Belgrado por las abrumadoras fuerzas soviéticas con una gran fuerza de tropas de Tito y partisanos comunistas.

Nuestro hombre de Recon dijo que eran relativamente seguros y nos dio coordenadas para enviar un detalle con un médico y suministros médicos y raciones de cuarto de comida. Grandes cantidades de comida probablemente los dañarían hasta que se acostumbraran a pequeñas porciones. Su historia era que se separaron en una tormenta de nieve y nunca pudieron ponerse al día. El subaficial de Recon también solicitó botas y calcetines, si alguno estaba disponible, ya que aproximadamente la mitad estaba descalzo o solo les quedaban partes de botas en sus pies.

Una de las brigadas principales envió un detalle con suministros y un médico, pero no había botas disponibles. La División pudo enviar algunos zapatos que los oficiales tenían con su equipo y calcetines.

Se corrió la voz sobre estos hombres. Significaba que los restos de su División estaban por delante de nosotros o, con su ventaja, probablemente ya en Sarajevo.

Cuanto más al oeste nos movíamos, más pequeñas eran nuestras unidades enemigas que nos seguían, pero en lugar de pararnos y luchar, teníamos a nuestros hombres y así seguimos empujando hacia el río Drina. Pudimos cruzar el río Drina justo al norte de Visegrád. Fue después de la medianoche del día de Navidad. Cuando nos acercamos a un área fuera de la ciudad para establecer un campamento temporal, pudimos escuchar música navideña y sonidos alegres provenientes de la ciudad. El cuartel general había llegado mucho antes y tenía un médico de la ciudad y enfermeras esperando con suministros médicos para tratar a todos los hombres gravemente heridos de inmediato. Los hombres con congelación en los pies serían vistos más tarde en el día. Muchos perdieron dedos de los pies y los dedos de los pies, pero se salvaron de la gangrena con esta atención médica de Godsend. Con guardias perimetrales adecuados por si acaso, el resto de nosotros disfrutamosde meals calientes y duchas en un pequeño hotel. Reparamos nuestra ropa con suministros de la gente de Visegrád y pusimos piezas de cartón o cuero en lo que quedaba de nuestras botas. Después de limpiar y reparar todas las armas en funcionamiento, tratamos de relajarnos con unos días de descanso mientras el Cuartel General, que estaba tan por delante de nosotros, se comunicaba con Sarajevo para obtener nuevas órdenes.

Durante esta pausa, el Oberleutnant (Primer Teniente) Noack en esta atmósfera relajada cometió un error crítico. Le dijo a un joven mayor de batallón que al ver a todos los hombres sin calzado adecuado y equipo de invierno, que "tal vez la guerraestaba perdida. El Mayor lo llamó la atención y dijo que podía dispararlo por derrotismo. Noack, en atención, le aseguró que era un oficial leal con combate en la Primera Guerra Mundial y ahora. Lucharía sin importar qué. El joven Mayor sentado sonrió y dijo: "Good, estoy esperando órdenes para una nueva misión que te daré". Oberleutnant Noack, todavía en atención, respondió: "Sería un honor aceptar esta misión, señor". El Mayor respondió: "Despedido; regrese a su unidad cuando comencemos a mudarnos a Sarajevo en unos días. Cuando reciba las órdenes, te llamaré". Noack saludó con el saludo del partido nazi, y se aseguró de decirle Heil Hitler a su joven oficial de alto rango mientras se volvía y se iba.

Después de moverse hacia Sarajevo durante más de una semana, Noack sintió que la misión debía haber sido cancelada. Varias horas después se enteró de que no se había cancelado. La División recibió nuevas órdenes y se le dijo que se presentara al Mayor en el Cuartel General del Batallón.

El Mayor parecía estar menos estresado y lo saludó civilizadamente. Declaró: "La División tiene órdenes de enviar a todos los heridos de regreso a Sarajevo, pero la División procederá con toda velocidad por debajo de Sarajevo, donde el río Drina se convierte de nuevo en territorio enemigo. Hay un bolsillo de soldados de la Wehrmacht atrapados dentro de su territorio. La 22ª División los rescatará y regresará a Sarajevo pero, Oberleutnant Noack, esa no es su asignación. Se les está dando un nuevo destacamento para una misión crítica. Mejorará todas las unidades en Sarajevo posibilidades de poder luchar en una acción de retirada hacia Austria".

Continuó: "Por la mañana se le presentará a su nuevo

destacamento, que es un equipo de demostraciónaltamente entrenado con suboficiales de Recon y un médico. Se te emitirán las armas que solicites después de que tú y tu equipo de demostración planifiquen la misión y tus requisitos de suministro. Descansa un poco esta noche, ya que lo necesitarás. Insórmelo al 0700". Una vez más, el Oberleutnant Noack saludó y exclamó: "Heil Hitler", y partió a descansar.

Levantándose temprano, informó al Mayor a las 0700 horas con precisión. Se le permitió sentarse en una mesa portátil con el Mayor cuando los hombres llegaron y fueron presentados a su comandante de destacamento. ElMayor hizo que cada hombre se presentara y describió su especialidad. Oberleutnant Noack se sorprendió al saber que uno de ellos era voluntario. Era uno de los hombres que había escapado de Belgrado a principios de octubre de 1944. Después de que se explicaron las introducciones y especialidades, el Mayor entregó a Noack una orden a la División de Suministro de que Oberleutnant Noack debía recibir todo el equipo, suministros y armas que solicitaron por 1600 horas en esa fecha. El

Mayor luego leyó sus órdenes en voz alta a todos: "Se les ordena regresar a Yugoslavia a pie, evitando todo contacto con el enemigo y los civiles lo mejor que puedan. Continúe hacia el área al norte de Visegrád,cruce el Drina y avance por la noche hacia Šabac en el río Sava. Destruye el puente de tráfico que cruza el Sava. Esto ralentizará a las tropas enemigas que intentan alcanzarnos mientras nos retiramos hacia Austria. Después de volar el puente, regresa a Sarajevo e insícialo. ¿Entendido?"

"Sí, Sr.Mayor", respondió el Primer Teniente Noack.

El Mayor respondió: "Toma el mando, Herr Oberleutnant". Se levantó y salió, dejando la tienda a Noack y sus hombres.

La primera tarea de Noack era seleccionar a su segundo al mando en caso de que lo mataran. Le complació saber que uno de los dos especialistas en demostraciones era un Maestro / Sargento (Staubsfeldwebel) y era el subaficial de más alto rango. Naturalmente, sería el siguiente al mando. El siguiente en la fila era el otro Especialista de Demostración, que era un Sargento Técnico (Oberfeldwebel), luego un Sargento (Unteroffizier), un Cabo

(Obergefreiter), tres soldados privados de Primera Clase (Gefreiter) y un Soldado (Granadero / Schutze).

Noack ordenó a su segundo al mando que llevara a los hombres a su tienda y que inspeccionaran, repararan y limpiaran todas las armas que ya estaban en su poder y luego comenzaran a desechar artículos que no fueran necesarios para sobrevivir. Se les instruyó que pusieran todos los artículos personales que eran importantes para ellos en una pila en su tienda. Conseguiría un candado y un footlocker. Mequedaría con el Oficial de Suministros hasta su regreso. Puso su Oberfeldwebel a cargo mientras él y su Stabsfeldwebel informaba al Centro Central de Suministros y Armas, que se había establecido a su llegada. Entregó sus órdenes con su lista de suministros necesarios, raciones, munición, armas adicionales y ropa de camuflaje blanca impermeable con capuchas, cubiertas de casco blanco que no se podían ver conlagallinanevando. Los explosivos se empacarían de forma segura en dos paquetes, mientras que los cables, temporizadores y detonadores se empacarían en un tercer paquete. Unabolsa mmo estaría en dos paquetes con raciones durante dos semanas, y un pequeño trineo para munición adicional y herramientas necesarias, y cuerda. Los explosivos estarían con los dos hombres demo en todo momento. Además, se ordenaron tres pistolas ametralladoras para los tres hombres de rango. Otros tenían sus rifles y Noack y sus dos suboficiales principales recibieron armas laterales (Walther P38). El trineo también contendría dos Panzerfausts.

El oficial de suministros les dijo que habían sido informados y que harían todo lo posible para tener todo listo para recoger en 1600 horas según lo ordenado por el Mayor. El Oberleutnant Noack aceptó que sus hombres regresaran a las 1600 horas, y él y su segundo al mando partieron. Al regresar a la tienda donde sus hombres estaban limpiando y revisando armas, les dijo que estuvieran en su tienda a las 1530 horas. Él y su Stabsfeldwebel fueron a sus cuartos y comenzaron a estudiar mapas y lluvia de ideas.

Como Noack lo vio, tenían dos ventajas. Primero, el enemigo sabía que la2ª 2ª División había cruzado a Visegrád en Navidad y probablemente pensó que ya estaban en Sarajevo o de camino a

Austria. Seguro que como demonios no esperaban un ataque y serían laxos; especialmente los artesanos comunistas. En segundo lugar, tener a un hombre que había cruzado el puente de Šabac en su huida de Belgrado sería valioso en términos de información sobre la construcción y el terreno de la zona. Noack declaró: "Tú y yo necesitamos hablar con este hombre cuando no nos estamos moviendo". Su suoma mayor estuvo de acuerdo. A continuación, quería la opinión de su su sudoficial mayor sobre las raciones, diciendo: "Starting después del desayunocuando nos mudamos a las 0630 horas, creo que como solo estamos recibiendo dos semanas de raciones, debemos ir a la mitad de las raciones en caso de que nos retrasemos en ir o regresar. ¿Quién sabe? ¿Qué piensas?" Stabsfeldwebel Steiner estuvo de acuerdo.

"Gút. Regresey tome las riendas de nuestro destacamento y tráigalos aquí a las 1530 horas". Steiner saludó y se fue.

Noack regresó a los mapas y pensó "una vez que salgamos del rango de visión y sonido de la retaguardia de la 22ª División, estaremos solos". La seguridad de sus hombres y el éxito de la misión era responsabilidad exclusiva de él, no del Mayor. Por lo tanto, no solo pasarían por alto Visegrád durante la noche; cruzarían justo above Visegrád fuera de la vista y el oído y se dirigirían hacia Šabac en el lado oeste del río Sava lo suficientementelejos de las carreteras como para ser apenas visibles en su camuflaje blanco con el fondo blanco de la nieve. Serían cada vez más difíciles de ver por la noche, ya que no habría fuegos ni estufas encendidas.

Sabiendo que la zona era principalmente agrícola y que era febrero, incluso la actividad agrícola diurna sería ligera. En la mayoría de los deberes se restringirían al cuidado de los animales de granja y a la toma de leña para las chimeneas. Con el enemigo no esperando un ataque y las rutinas de trabajo de invierno hicieron de la misión no solo un posible éxito sino un probable éxito, pensó, "si mantenemos la disciplina y planificamos cada movimiento cuidadosamente. "

Antes de que salga el sol cada mañana, cuando buscábamos refugio donde nuestras cubiertas blancas de uniforme de camuflaje prácticamente nos hicieran invisibles, el subaficial mayor se aseguraría, especialmente si no nevaba, de que uno de los privados usara el rastrillo de luz en el trineo para borrar nuestras huellas en el sahora, barro o suelo durante el último cuarto de kilómetro. Además, el grupo, a excepción del hombre De Reconocimiento delantero, caminaba uno al lado del otro y se adentraba en las huellas del hombre que estaba delante de él o en un solo archivo en lugares estrechos. Esto facilitaría borrar nuestro rastro siempre que sea necesario, especialmente cuando nos preparamos para escondernos y descansar durante el día.

Los pensamientos y la planificación de Noack fueron interrumpidos por Steiner, su su sudoficial mayor. Era ahora 1530. Los hombres esperaron afuera mientras el subaficial mayor Steiner entraba en la tienda del Comandante. Oberleutnant Noack ald Steiner para ir a Supply y llevar todos los suministros a los cuartos de los hombres y colocar un guardia armado dentro con los suministrosy colocar un letrero de cuarentena en la entradade la tienda. Se le instruyó que le llevara la cena del guardia a él y al subaficial junior que se quedará con él y que hiciera lo mismo a las 0530 horas cuando les esperará un gran desayuno caliente. Le dijo a Steiner: "Comeré a las 0500 y estaré listo para comenzar la marcha hacia Visegrád a las 0630. Tenga a todos los hombres y suministros listos antes de las 0620 horas. ¿Entendido?"

Steiner pasó la atención y respondió:"Ja'wohl, Herr Oberleutnant".

Noack sonrió y dijo: "Ve y recoge todos los suministros, equipos, armas, raciones, explosivos, etc., llévete a los cuartos de los hombres y organiza todo para nuestra partida a las 0630. Después de que estés satisfecho de que todos sepan lo que están haciendo y sus deberes en esta misión, pásame y cuídame al día. Disfruta de la cena".

Steiner saludó, sonrió y salió de la tienda. Llamó la atención del destacamento y los marchó al Centro de Suministros. Inspeccionó lo que firmó y lo hizo llevar poco a poco a su tienda de campaña en cuarentena, que el guardia y el sudoficial habían colocado. El saldo de suministros se entregará en la carpa y se organizará para la salida de la mañana, ya que llegó antes de las 0500 horas.

Más tarde esa noche, Steiner se detuvo e informó a su Comandante que todo estaría en orden a las 0620 horas. También informó que algunos artículos especiales pueden no estar hasta las 0500 horas, pero se emitirían al médico o se almacenarían en el trineo con el otro equipo. El Oberleutnant Noack se dio cuenta de que la 22ª División podía y sería reabastecida mientras marchaban más allá de Sarajevo en ruta para liberar a otra unidad atrapada. Esta unidad estaba al sureste de Sarajevo, cerca de donde el río Drina serpentea hacia un territorio amigable debajo de Sarajevo. Le había pedido al joven Mayor algunos artículos inusuales pero muy necesarios para ser entregados antes de partir. Estos deben ser los artículos especiales que lleguen tan tarde como 0500 horas. Noack había pedido un suministro de medicamentos para la tos con fuertes supresores de la tos y calcetines adicionales para los nueve hombres. El silencio del escuadrónera esencial para esta misión; una tos despredaba su posición. Se necesitaban calcetines frescos para mantener sus pies sanos para un movimiento rápido cuando fuera necesario. También solicitó un suministro de tabaco de mascar para un mes, ya que no permitía fumar una vez que volviera a Yugoslavia. Además, había pedido que la División Abwehr (Inteligencia) le enviara un pronóstico del tiempo para el mes de febrero de 1944 para Šabac, incluidas las condiciones de hielo en el río Sava (Sau) en Šabac. El Mayor parecía sorprendido cuando se dio cuenta de que él mismo no habría pensado en estas cosas y pensó:"Excelente. He elegido al hombre adecuado para la misión".

El Mayor había partido para poner en su solicitud de artículos especiales.

Otra buena señal fue que Ernst Steiner, su segundo al mando, le había dicho que tenía un amigo cercano en la División de Suministros que le debía un gran favor y se sentía seguro de que tendríamos todo listo antes de las 0600 horas. Marcar una tienda de campaña en cuarentena era un truco que Noack había aprendido en Francia para mantener el "robo deperros" de suministros al mínimo.

Cuando Noack estaba a punto de acostarse en su tienda de campaña para dormir un poco, un mensajero pidió permiso para entrar y, cuando se le concedió, entró en atención sin ningún comentario verbal y saludó. Cuando regresó, dijo: "Señor, tengo un sobre sellado para usted". Noack tomó el sobre, lo abrió y vio que era el informe meteorológico de febrero en la región de Šabac. Agradeció y despidió al mensajero. Si Steiner tenía razón sobre el equipo y los suministros, tenían todo lo necesario para cumplir la misión.

Antes de acostarse de nuevo, estudió el breve informe meteorológico y estaba satisfecho. Se sirvió una gran foto doble de Kognak y pensó en el informe meteorológico: poco sol, días grises oscuros, llovizna ligera o nieve habitual, y el Sava probablemente no pueda congelarse en Šabac, ya que las temperaturas oscilarán entre treinta y treinta y dos grados Fahrenheit por la noche y subirán a los cuarenta por la tarde y luego las temperaturas comenzarán a caer nuevamente. Perfecto, pensó. Compartiré esto con Stabsfeldwebel Steiner, pero nadie más. Terminando su Kognak,quemó el informe meteorológico. Dormía hasta las 0430 horas. Al levantarse, se cepilló los dientes, se afeitó y se vistió con equipo de campo, revisó su brazo lateral, un Walther 9 mm P38, y dejó un paquete de peluche en su cuna mientras iba a desayunar a las 0500 horas.

Debido a la hora temprana, solo los cocineros estaban allí recién comenzando, por lo que bebió café mientras preparabanla última comida caliente por un tiempo. Mientras bebía café, pensó, no hay necesidad de romper el camuflaje blanco hasta que entremos en territorio enemigo si nevamos entonces. También decidió que Steiner le diera la pistola ametralladora ordenada a Otto Schroeder, y las dos restantes iban a Steiner y Oberfeldwebel Rudolf Graf. El rifle de Schroeder se almacenaría en el trineo. Las órdenes a Steiner a las 0600 horas antes de su formación a las 0615 horas serían poner a Unteroffizier Schroeder a cargo de la retaguardia en la marcha con tres de los hombres alistados (dos PFC y un soldado raso). Tendrían el deber de usar una pala y un rastrillo para borrar nuestro camino durante al menos un cuarto de milla antes de entrar en nuestro escondite diurno cuando lleguemos a territorio enemigo. Todo el movimiento en Yugoslavia será por la noche. Los PFC, el soldado raso y el sargento Schroeder seguirán vigilando nuestra retaguardia y derecha e izquierda para evitar el contacto con individuos o grupos o el enemigo que viene en nuestra retaguardia. Schroeder tendrá uno de los binoculares para escanear ambos lados y el área trasera. También revisará nuestro rastro para asegurarse de que nadie haya dejado caer basura; todo el papel y otros artículos desechables serán enterrados en nuestro campamento en la zanja de hendidura para orina y heces. Cuando nos vayamos, se cubrirá con maleza para ocultar la tierra perturbada. Una sola hoja de papel podría dar lugar a laposición y dirección de viaje. Se necesitará una disciplina rigurosa y observaciones constantes de nuestro entorno.

Su desayuno vino con más café; comió y agradeció a los cocineros, saliendo a buscar a Steiner, que había dejado Oberfeldwebel Graf a cargo de prepararlos para su formación a las 0615 horas. Su salida sería a las 0630 horas moviéndose hacia el norte mientras la 22ª división Dse movía hacia elsur. Él y Stabsfeldwebel Steiner fueron a su tienda de campaña donde recogió su equipo mientras informaba a Steiner sobre las instrucciones para su marcha y entrada en Yugoslavia al norte de Visegrád por la noche. Haría dos viajes en su pequeña balsa.

Le dijo a Steiner:"Mientrasel Drina fluye hacia el norte, comenzarían desde su orilla al sur del área de aterrizaje con todas las restricciones vigentes: no fumar, no desechar basura, no hablar excepto órdenes en voz baja y usar señales manuales cuando sea posible".

Dado que existía la posibilidad de que el enemigo cruzara el Drina hacia nosotros, esperaba que todos estuvieranencantadosy cargados en todo momento, incluso en nuestro lado del Drina. El cabo Fritz Peiper será el hombre de Reconocimiento Senior con PFC Max Berger el hombre de Junior Recon, Berger se quedará con la retaguardia a menos que Peiper lo necesite. El desloficinador Schroeder estará a cargo de la retaguardia. Le informaré más tarde hoy cuando tomemos un descanso. Los hombres alistados pueden tirar del trineo y, si es necesario, esto incluye almédicoentrenado encruz.

Noack le dijo a Steiner: "Si usted y Graf pueden asegurar los explosivos de forma segura en el trineo hasta que sea necesario, está bien, pero rebaséntelo con frecuencia. No podemos tener errores ni tragedias sin sentido". Steiner respondió:"Ja'wohl, Herr Oberleutnant". Se fueron juntos para la formación.

En el camino a la formación 0615 Oberleutnant Noack le dijo a Ernst que tuviera Oberfeldwebel Graf (Rudy) para estar listo para poner a todos en una columna de dos en dirección norte, el hombre de Reconocimiento Mayor, el cabo Fritz Peiper tomando el punto a unos cien metros al frente y UnterOffizier Schroeder (Otto) y uno de los PFCs (Gefreiters) y el privado (Grenadier / Schutze) en la parte trasera con el trineo. Al acercarse al grupo, Noack le dijo a Ernst: "Terminaré mis comentarios a las 0625 y caminaré alrededor del grupo revisando armas laterales, pistolas ametralladoras y rifles; si no hay señal del Mayor en 0630, asentiré; llámalos a la atención y muévelos hacia el norte exactamente a las 0630. Asegúrese antes de enviar al hombre de puntos alrededor de 0627. Dígale al granadero que se mueva lo más rápido posible con el trineo determinando el ritmo. Gracias a Dios nevó anoche; debería facilitar el movimiento del trineo para los hombres".

Steinerrespondió: "Sí, sr.primer teniente".

Como un reloj, a las 0627 Fritz Peiper comenzó hacia el norte como hombre de punta con instrucciones para seguir en la ruta hacia el norte que la División había utilizado para venir hacia el sur. Noack pensó que Peiper debía volver a verlos y detenerlos si veía a alguien en su camino. Noack le dijo a Steiner que informara a Peiper en su primer descanso.

En un día frío de nieve cayendo, Noack esperaba que no se encontraran con ningún amistoso. Si lo hicieran, dirían que estaban en un ejercicio de entrenamiento y casi listos para regresar.

Por supuesto, si los soldados enemigos hubieran cruzado el Drina a su derecha, habría una pelea, pero si podemos, intentaremos retirarnos en dirección oeste más profundamente en territorio amigo.

Mientras el grupo se dirigía hacia el norte, después del primer descanso, Fritz no apareció, por lo que siguieron adelante. Pronto las imágenes detrás de ellos se desvanecieron en la poca visibilidad. Después de unas dos horas, hizo que Ernst enviara al hombre de

Junior Recon PFC (Gefreiter) Max Berger hacia adelante para decirle a Fritz que tomara un descanso de treinta minutos mientras el grupo hacía lo mismo.

Después deldescanso, Fritz, el hombre de Reconocimiento Mayor, regresaría al grupo para informar a Ernst y al Comandante y Max se tomaría las siguientes dos horas guiándolos por individuos o casas. El pequeño grupo avanzó hacia Visegrád. Según cualquier estándar del Ejército, el grupo era muy pesado con suboficiales, cuatro y solo cuatro por debajo del rango de suboficiales. Esto era necesario porque los cuatro tenían especialidades necesarias para completar la misión. Dos expertos en demostraciones, Ernst, que también hablaba ruso, y Rudy, que hablaba checo, serían útiles en caso de que se encontraran con civiles cuando estuvieran vestidos de civil caminando cerca del puente. El unteroffizier Otto Schroeder era un experto en Panzerfausts y granadas y mantenía al grupo abastecido desde el trineo y sus ojos y oídos desde la retaguardia. Cabo (Obergefreiter) Fritz Peiper Wcomo un experimentado especialista enRecon querecientemente había sido reducido en rango de un

Unteroffizier. Se habían adoptado medidas disciplinarias a nivel de empresa derivadas de una infracción leve; sin embargo, su historial de combate fue excelente. Luego estaban los tres PFC (Gefreiters); uno fue entrenado como soldado de infantería/ médico, y otro privado. Los no médicos eran todos soldados de infantería con rangos de expertos con sus armas. Todos tenían una breve pero mortal experiencia de combate en los múltiples enfrentamientos, rescatando a otros soldados rodeados en Yugoslavia. Todos sabían lo que les esperaba. Entendieron perfectamente que su Comandante no era un oficial que empujara papeles; Ernst les había dado pistas de que Noack había visto combate en la Primera Guerra Mundial y esta vez en Polonia y Francia. Estuvo con ellos en otra unidad como comandante de la compañía después deque el Hauptmann había sido enfermo enYugoslavia. Ernst Steiner había dejado claro que tenían una oportunidad de tener éxito en su misión y volver a Sarajevo: seguir todas sus órdenes al pie de la letra. Luego les explicó que la División solo les había dado dos semanas de raciones y que el Oberleutnant Noack había decidido, y estuvo de acuerdo de todo corazón, que debía durar un mes. Habrá momentos en los que tendremos que aguantar durante días para evitar a los soldados partisanos y de Titoque estarán cerca o por razones climáticas. Por lo tanto, a partir de hoy, todos estaremos en medias raciones, incluido nuestro Comandante, que tiene la edad suficiente para ser su padre. Elretumbar, que es normal desde los rangos inferiores, estaba en un mínimo, ya que Ernst había explicado que es mejor tener algo de comida cada día que ninguno durante dos semanas si se retrasa. Desafortunadamente, seguramente para Dios, probablemente estaremos atrasados.

querecientemente había sido reducido en rango de un Unteroffizier. Se habían adoptado medidas disciplinarias a nivel de empresa derivadas de una infracción leve; sin embargo, su historial de combate fue excelente. Luego estaban los tres PFC (Gefreiters); uno fue entrenado como soldado de infantería/ médico, y otro privado. Los no médicos eran todos soldados de infantería con rangos de expertos con sus armas. Todos tenían una breve pero mortal experiencia de combate en los múltiples enfrentamientos, rescatando a otros soldados rodeados en Yugoslavia. Todos sabían lo que les esperaba. Entendieron perfectamente que su Comandante no era un oficial que empujara papeles; Ernst les había dado pistas de que Noack había visto combate en la Primera Guerra Mundial y esta vez en Polonia y Francia. Estuvo con ellos en otra unidad como comandante de la compañía después deque el Hauptmann había sido enfermo enYugoslavia. Ernst Steiner había dejado claro que tenían una oportunidad de tener éxito en su misión y volver a Sarajevo: seguir todas sus órdenes al pie de la letra. Luego les explicó que la División solo les había dado dos semanas de raciones y que el Oberleutnant Noack había decidido, y estuvo de acuerdo de todo corazón, que debía durar un mes. Habrá momentos en los que tendremos que aguantar durante días para evitar a los soldados partisanos y de Titoque estarán cerca o por razones climáticas. Por lo tanto, a partir de hoy, todos estaremos en medias raciones, incluido nuestro Comandante, que tiene la edad suficiente para ser su padre. Elretumbar, que es normal desde los rangos inferiores, estaba en un mínimo, ya que Ernst había explicado que es mejor tener algo de comida cada día que ninguno durante dos semanas si se retrasa. Desafortunadamente, seguramente para Dios, probablemente estaremos atrasados.

Noack asintió y comenzaron a regresar al pequeño campamento. Noack de repente declaró: "Una cosa más, Ernst. Que Hans Mueller, el médico, me informe en el momento de la inclinación". Ernst, apareciendo sorprendido, preguntó: "¿Algún problema con el que pueda ayudar?" Noack respondió: "No, solo quiero que Hans comience a inspeccionar los pies de todos esta noche, incluido el mío. Además, haga que Otto emita al médico nueve pequeños trozos de tela civil y la mitad de una toalla de mano para nueve cada vez que nos detengamos ese día".

El sargento mayorrespondió: "Sí, señorprimer teniente".

Noack sabía lo que estaba haciendo y era bueno para la moral para ellos ver a su su sudoficial mayor siguiendo órdenes al final.

En la inclinación, Noack le dijo a Hans que se sentara y comenzó a explicarle el final de cada día o al comienzo de cada noche el ritual que estaban comenzando. Uno a la vez, los hombres venían al refugio inclinado o cualquiera que tuvieran y se quitaban las botas y los calcetines. Hans se inspeccionaría a sí mismo primero y al

Oberleutnant en último lugar. Tendría un casco lleno de agua de nieve derretida o un pequeño arroyo o donde sea. Hans le daba a cada hombre un trozo limpio de paño y jabón para lavarse los pies y enjuagarse antes de que Hans revisara si había ampollas u otros problemas. Noack le dijo a Hans: "Nuestra misión depende mucho de ti. Si alguien no puede moverse rápidamente cuando sea necesario, todos podríamos ser asesinados o capturados por los artesanos comunistas. Eso probablemente sería peor que la muerte. La salud de los pies es fundamental. ¿Entiendes, Hans?"

Hans inmediatamente se levantó, saludó y dijo:"Ja'wohl, Herr Oberleutnant", a lo que Noack dijo: "Por favor, siéntate y siéntete a gusto". Continuó: "Cuando termines con un hombre, él debe lavar sus calcetines viejos y ponerse un par fresco que le darás. Recoger las toallitas y toallas sucias cuando terminen, tirarlas en la zanja de hendidura para que se cubran y camuflan antes de salir. Dígale a cada hombre que debe tomar sus calcetines escurridos y parte de otra toalla de mano y poner entre su poncho y saco de dormir. Hes el calor corporal que secará los calcetines. Rotarán elpar de calcetines hasta que uno necesite ser reemplazado. Cuando necesite más paños, toallas o calcetines, simplemente vea Unteroffizier Schroeder en el trineo. Cuando los calcetines ya no sean útiles, entiérralos en una zanja de hendidura". Noack aconsejó al joven Hans que se inspeccionara a sí mismo después de obtener todo lo que necesita para completar este importante deber, luego Noack declaró: "Haré que Stabsfeldwebel Steiner comience a enviar a los hombres antes o después de que comamos medias raciones. Steiner será el último y me avisará cuando sea mi turno".

Noack dejó la inclinación para inspeccionar todo en el pequeño campamento. También le recordó a Ernst que haga que Rudy revise todas las armas cada noche, especialmente las tres pistolas ametralladoras que se usarán en el reconocimiento y el servicio de guardia, inspeccionando tanto antes del primer turno como después del último turno.

Por la mañana, después del agua y parte de sus medias raciones, él y Ernst revisaron toda el área, incluida la letrina, y se aseguraron de que estuviera cubierta y oculta por trozos de maleza sobre los que arrojaron nieve desde un montículo de nieve a unos veinte pies de distancia.

Antes de mudarse, el Oberleutnant Noack le dijo a Stabsfeldwebel Ernst Steiner que Schroeder enviara al soldado Wilhelm Thomsen a verlo después de que estableciéramos el campamento a última hora de esta tarde. Además, instruyó a Ernst: "Ordene a Fritz que busque senderos de animales a la izquierda de los senderos humanos que corren hacia Visegrád y evite los senderos humanos si es posible. Debe informar a su relevo PFC Berger. También pueden acostumbrarse a esto antes de cruzar el Drina. Saca a nuestro hombre de punta, Fritz, y en diez minutos saca al grupo". Steiner sonrió y respondió:"Ja, Herr Oberleutnant".

Se mudaron según lo ordenado con Noack y Steiner al frente. Ernst había mencionado anteriormente a los hombres que su Comandante era un hombre que se había abre camino desde un Grendier/Schutze. No solo tenía la edad suficiente para ser su padre, de hecho, podría haber sido el abuelo de algunos de ellos. Esto fue bueno. A los hombres les gustaba y se sorprendieron de su resistencia y estaban agradecidos por su experiencia y conocimiento acumulados. La moral era buena.

Yendo mucho más lento usando senderos de animales, hicieron su propio camino cuando los senderos giraron en la dirección equivocada hasta que encontraron un nuevo sendero de animales que iba hacia el norte. Noack esperaba este ritmo más lento en territorio enemigo. Quería obtener una estimación realista de la distancia que podían viajar por la noche en senderos de animales para evitar todo contacto humano. También quería que sus hombres aprendieran a adaptarse y dominar las complicaciones.

Cuando establecieron el campamento esa noche, estimó que a su ritmo actual pasarían otros tres o cuatro días hasta que pasaran Visegrád, que sería a su derecha unapelea de media milla omenos. Cuando Hans Mueller comenzó las inspecciones de pies, los lavados y el tratamiento, Noack encontró a Steiner y al soldado Thomsen que se habían ofrecido como voluntarios. Había cruzado el puente al escapar con los restos de una división de Belgrado. Su información sería muy útil para Ernst, el experto en demostraciones y segundo al mando. Necesitaría una historia de portada para explicar por qué estáhablando con Steiner y su Comandante. Dejaría que Steiner se encargaría de eso.

Después de alejarse del campamento, fuera del alcance de la oreja, los tres colocaron un poncho sobre un tronco grande y se sentaron. Había sido un día más frío, pero claro y estaban adecuadamente vestidos. No estaban incómodos. Naturalmente, el soldado Thomsen estaba tenso en su presencia. Noack le dijo que se relajara y hablara libremente; no estaba en problemas. Noack continuó: "Necesitamos su conocimiento del puente en Šabac que usted y su Division cruzaron cuando se retiraron de Belgrado. Nunca se puede hablar con nadie sobre esto, excepto con nosotros. La razón de esto es que si alguno de nosotros es capturado, los otros seis no sabrán cuál es nuestra misión. Esto lo hará más seguro para todos nosotros". Thomsen entendió y prometió que nunca se lo diría a nadie. Él y Steiner se pusieron a hablar con Ernst haciéndole todo tipo de preguntas sobre la estructura, el enfoque de la misma y el flujo de tráfico. Thomsen dijo que había sido guardia de carreteras durante muchas horas en el puente mientras partes de su Division cruzaban a pie. Dijo: "Son solo dos carriles con una línea en el centro. El tráfico era ligero, el tráfico agrícola y algunos autos". También informó que el tráfico bajó mucho alrededor de 1930 horas a aproximadamente un vehículo por hora. Aconsejó: "Hay una pequeña choza de guardia en cada extremo con una guardia civil desarmada. Detiene el tráfico que viene de su lado si es necesario". Continuando, Thomsen dijo: "Los guardias son hombres mayores y pesadosque, después de que el tráfico disminuyóla velocidad, prefirieron subirsus estufas de carbón. Se quedaron en la choza, comiendo la comida que traían de casa y también comiendo bocadillos mientras bajaban y levantaban la barricada de madera". Además, declaró que fue relevado como guardia de carreteras unas 0200 horas en el lado este del puente. Cruzó hacia el oeste y luego detrás de otros marchó hacia el noroeste hacia el Drina. Su grupo de retaguardia se perdió en una tormenta de nieve con fuertes vientos. Fue uno de los hombres encontrados por la 22ª División cuando se trasladaron al Drina y a la seguridad. Él y los demás estaban muy agradecidos por haber sido rescatados.

Steiner estaba muy contento con esta información y preguntó: "¿Qué lado sería más fácil de soplar?"

Thomsen respondió: "No sé si es fácil, pero tomaría mucho más tiempo reparar o reemplazar si sacaras el lado oeste. Todos los materiales y equipos tendrían que cruzar el Sava (Sau) río abajo cerca de Belgrado".

Noack se puso de pie, sonrió y dijo: "Wilhelm, esa es una información muy importante y nos ayudará a tener éxito en nuestra misión. Si Dios quiere, volveremos de una sola pieza".

Thomsen se levantó y se puso de pie en la atención. Saludó y Noack se lo devolvió. Thomsen declaró: "Gracias, señor. Por favor, llámame, Willie; Odio a Wilheim", a lo que Noack respondió: "Con mucho gusto". Steiner se rió y Willie parecía perplejo. Noack le explicó a Willie: "Mi esposa y yo solíamos disfrutar de unas cortas vacaciones en España. Con mucho gusto significa "con mucho placer". Thomsen se rió y dijo: "Gracias, señor". Noack dijo: "Ernst, tú y Willie sigue adelante y elaboran su historia de portada en el camino al médico para que sus historias sean las mismas. Estoy seguro de que los seis son curiosos. No necesitan saber lo que discutimos por su propia seguridad. Puedes decirles en Visegrád en el camino de regreso. ¿Tiene sentido?" Steiner respondió:"Ja'wohl, Herr Oberleutnant", y él y Willie comenzaron a trabajar en su historia. Noack siguió unos dos minutos por detrás.

Fritz y Max habían hecho un buen trabajo al encontrar senderos de animales que se dirigían en la dirección correcta con movimientos serpenteantes cortos, pero esto era de día. Noack se levantó primero y fue a cada guardia. Se veían agudos. Los felicitó. Al amanecer, Noack fue y tiró del brazo de Ernst. Se levantó rápidamente preguntando:"¿Problem, señor?" Noack sacudió la cabeza de manera negativa y le indicó que lo siguiera. A unos veinte pies de distancia, dijo: "Ernst, tenemos que averiguar cómo les va a Fritz y Max por la noche y a este ritmo no tenemos mucho tiempo para que se vuelvan tan buenos por la noche como lo fueron hoy a la luz del día, y esto nos ralentizará más, pero eso está bien. Prefiero llegar tarde que muerto". Steiner respondió: "De acuerdo, señor".

Noack le dijo a Ernst que tuviera a Rudy Graf extendiendo el servicio de guardia hasta 1800 horas, raciones a 1715, campamento de descanso a las 1800 horas, después de que send Fritz fuera en 1750. El grupo se muda a las 1800 horas. Noack continuó: "Dile a Graf que me deje dormir tanto como sea posible y dile al médico que haga que cada hombre airee sus botas al sol si no está en guardia. Cuando los hombres se levantan, pídales que revisen sus armas y que Graf inspeccione todas las armas para ver si necesitan un poco de aceite. Tú y Graf se alternan y descansan". Ernst respondió: "Sí, señor".

Después de que Ernst se fue, el Oberleutnant Noack fue al médico, lo despertó y lo llevó a dar un corto paseo para no molestar al resto de los hombres. Noack habló con Hans en un tono suave y amigable y le explicó que iban a un horario nocturno a las 1700 horas y que todos, excepto los que estaban de guardia, deberían dormir o descansar hasta las 1600 horas. Sus deberes comenzarían a las 1600 horas. Noack ordenó: "Quiero que obtengas nueve juegos de calcetines nuevos del sargento Schroeder y suficiente leche para todos. Cuando termine de revisar los pies de cada hombre, tome su peor par de calcetines, tírelos a la trinchera de hendidura, emita un nuevo par de calcetines y suficiente leche para una taza de leche de cantimtina de ocho onzas para cada uno. Quiero que cada hombre tome un poco de leche diariamente a partir de este momento. Asegúrese de enterrar toda la basura en la zanja de hendidura. Entre ahora y 1600 horas consigue todo el resto que puedas. Y una última cosa, hijo, haz lo que puedas, lo que te enseñaron en el entrenamiento básico y nuevamente en el entrenamiento avanzado de infantería y médico sobre visión nocturna. Explique a cada hombre el procedimiento para la visión nocturna. "

Hans Mueller respondió:"Sí,señor primer teniente".

Noack continuó:"Bien. Pa cada hombre, incluso a los suboficiales, mientras revisa sus pies para recordar que desde esta noche en adelante deben cerrar inmediatamente su mejor ojo si se enciende una bengala o se vuelve un reflector hacia nosotros. Es absolutamente imperativo que todos permanezcamos listos para el combate en todo momento. Nuestras vidas dependen de ello. Es tan fácil para los partisanos cruzar el Drina viniendo de esta manera como lo será para nosotros entrar de nuevo en su territorio. ¿Entendido, Hans?" "Ja'wohl, Herr Oberleutnant". Noack respondió: "Gút. Go descansar un poco hasta las 1600 horas".

Noack se volvió y fue a su saco de dormir. Revisó su brazo lateral en busca de suciedad y para ver si necesitaba un poco de aceite en este clima húmedo. También se aseguró de que sus cuatro clips de repuesto estuvieran completamente cargados con munición de nueve milímetros. Después de esto, dejó las cosas en funciones de Ernst y Rudy, que estaban alternando estar arriba con los guardias rotativos.

Al levantarse a las 1430 horas, Noack se lavó las manos y la cara. Había hecho que el afeitado fuera opcional hasta que regresaran en caso de que dos o tres escaparan después de un compromiso. Se parecerían más a un civil si no estuvieran limpios y afeitados con la ropa civil almacenada en el trineo para escapes y trabajos de reconocimiento.

Schroeder tenía nueve juegos de ropa civil en el trineo.

Además del Comandante, solo Ernst y Rudy lo sabían. Habían seleccionado toda la ropa de civil, que puede o no ser utilizada, cuando estaban listos para reconocer el puente. Tenían los tamaños de los otros siete y habían obtenido un suministro adicional de botas, pantalones, camisas, chaquetas y sombreros para todos. Estas prendas eran atuendos típicos de serbios y partisanos yugoslavos y habían sido entregadas por aire en un avión de carga Junker de la Luftwaffe a Sarajevo; elogios de Abwehr. Sarajevo los había enviado al 22° suministro de infantería y los había puesto a disposición de Stabsfeldwebel Steiner y Feldwebel Rudolf Graf. Hicieron selecciones para la misión después de que el Mayor había aprobado un equipo de ocho hombres más su Comandante.

Después de lavarse, Noack descubrió que Rudy estaba de servicio y Ernst estaba durmiendo. Le dijo a Rudy: "Tell los dos hombres de Recon tomando el punto hasta que cruzamos el Drina para buscar y encontrar un campamento fuera de nuestra ruta a la izquierda aproximadamente un cuarto de milla en un área densa por 0500 horas y enviar la palabra a un tercer hombre que irá adelante para encontrarse con uno de ellos y regresar para guiarnos. Necesito hablar con todos los hombres brevemente después de que establezcamos el campamento y los guardias se publiquen. Informaré a los guardias individualmente". Rudy respondió: "Ja'wohl, Herr Oberleutnant. "

Antes de hablar con los hombres, después de que se estableció su pequeño campamento, Noack llevó a Ernst y Rudy a dar un corto paseo y expresó sus preocupaciones. Opinó: "Nuestra tasa de movimiento se ha más que duplicado en términos de lentitud. A este ritmo deberíamos estar seguros pero más lentos de lo que el buen Mayor quería. La misión es primero, nuestra seguridad es la segunda, pero en mi opinión no importa cuándo soplemos el puente, siempre y cuando lo soplemos. La División nos estará esperando a nosotros o a algunos de nosotros para que regresemos antes que ellos salgan de Sarajevo si regresan antes que nosotros. Por lo tanto, es mi decisión ir con lentitud y completar la misión cuando lleguemos allí. Después de la misión, podemos dejar caer una gran cantidad de equipo que no sean raciones y municiones y viajar lo más rápido posible a la seguridaden Visegrád". Ambos coincidieron en la decisión de estar a salvo primero y luego se podría completar la misión. Ernst dijo: "Podemos preocuparnos por el calendario del Mayor cuando regresen". Los tres regresaron a los otros hombres cuando el sol había subido, pero no había mucho sol en un día gris y frío.

Noack habló en voz baja a los seis hombres que estaban sentados en sus ponchos sobre el suelo cubierto de nieve mientras Steiner y Rudy tomaban guardia. Comenzó: "No sabemos mucho el uno del otro, ya que todos venimos de diferentes attalions By rigades B,pero me complace estar con ustedes. Cada uno de ustedes ha llevado a cabo sus deberes asignados con habilidad y son excelentes ejemplos del soldado Heer de la Wehrmacht. Es un honor para mí guiarlo y haré todo lo posible para que todos regresemos a nuestra División. Nos estamos moviendo a un ritmo lento pero seguro. Espero que salvo lo noesperado pasemos a la izquierda de Visegrád de unas cuatro o cinco noches a partir de ahora. La noche antes de pasar por Visegrád quiero que cada uno de nosotros tenga dos o tres granadas con nosotros en todo momento. Quiero que Unteroffizier Schroeder emita un Panzerfaust a la persona que tenga más experiencia disparándolos. Dudo que nos topemos con algún T34 al otro lado del río, pero solo Dios lo sabe. Estaremos listos y podremos usarlo contra posiciones fijas si no podemos rodearlo. Espero que nos topemos con grupos de partisanos del tamaño de una empresa. Ojalá Fritz podrá alejarnos de ellos. Ahora hay dos grupos de partisanos. Uno solía ser nuestro aliado, pero cambió de bando hace unos catorce meses, los chetniks. Eran realistas leales y odiaban al grupo comunista de partisanos. Los chetniks tienen uniformes brillantes y son los más disciplinados. Los comunistas son descuidados y mal disciplinados como tropas. Tienden a tener fogatas brillantes por la noche y beben cualquier alcohol que puedan robar. Una vez que se ponen en marcha, sería fácil atacarlos y eliminarlos, pero esa no es nuestra misión. Espero que sean lo suficientemente fuertes como para avisar a Fritz para que podamos tomar una amplia litera a su alrededor. Los chetniks no serán tan fáciles. Algunos de ustedes pueden haber trabajado con ellos cuando eran nuestro aliado. Tenga la seguridad de que ya no son nuestros amigos. Hace unos trece o catorce meses, los chetniks mataron a más de trescientos de nuestros compañeros soldados e hirieron a otros cuatrocientos más o menos en Visegrád cuando cruzaron el Drina para destruir el puente del ferrocarril. Más de dos mil chetniks, asistidos por asesores estadounidenses y británicos, asaltaron la pequeña guarnición de Visegrád y destruyeron nuestra unidad allí. Los chetniks pueden parecer soldados de juguete, pero te aseguro que están bien entrenados. Con sólo nueve de nosotros tenemos que evitarlos a ellos y a los comunistas. Si se cuelan por la zona a la que nos estamos mudando, debemos evitar el contacto, incluso si tenemos que hacer una muesca y marchar de regreso a nuestro campamento anterior. La misión estará ahí cuando lleguemos allí. Podemos sortear a los comunistas una vez que Fritz o Max los detecten y luego retroceder hacia nosotros. Si creen que podemos rodearlos, procederemos a rodearlos después de que las fogatas se inicien y el alcohol comience a fluir. Si no tenemos forma de evitarlos y no podemos retroceder, planearemos nuestro ataque para esa noche después de que incluso sus guardias se hayan relajado y el resto esté borracho. Ninguno de ellos espera un ataque, especialmente si no es por una unidad del tamaño de un escuadrón. La sorpresa será nuestra mejor arma si tenemos que luchar. Pero recuerda que nuestra misión no es luchar, sino entregar a Ernst y Rudy a Šabac. Luegovamos a reconocer y luego regresar a Sarajevo. Eso es todo lo que tengo que decir. ¿Alguna pregunta?"

Un subaficial, el Obergefreiter Fritz Peiper,levantó la mano y preguntó: "¿Por qué los chetniks nos cruzaron dos veces y cambiaron de bando, Herr Oberleutnant? "

Noack respondió: "Buena pregunta. Me he hecho la misma pregunta varias veces. No tengo ni idea". Caminando hacia los guardias para liberarlos,Noack dijo: "Ernst, todos son tuyos."

Después de esto, regresó para ver si Hans estaba listo para su inspección de pies. Después de esperar su turno y Hans había tratado una pequeña ampolla, regresó a su equipo y durmió hasta las 1400 horas. Luego se prepararon para comer y cerrar el campamento y moverse hacia el norte nuevamente con Fritz y Max saliendo uno a la vez frente al grupo, Oberleutnant Noack en la parte delantera y Schroeder y el soldado Willie Thomsen detrás del trineo. Después de encontrar un sendero bien marcado en la nieve con dos conjuntos claros de huellas, Noack le ordenó a Rudy que retrocediera y aliviara a Otto durante unos minutos. Necesitaba hablar con Otto. Rudy se cayó y Otto corrió hacia adelante, diciendo: "¿Me quieres, Herr Oberleutnant?"

"Ja, Otto. A partir de esta noche y todas las noches desde ahora hasta que termine la misión, debes ayudar a Willie Oun trabajoperfecto cubriendo nuestras huellas con la pala y el rastrillo para el último cuarto de milla de nuestras pistas hasta llegar a un campamento antes del amanecer. Si no estás en el campamento sin trail a nosotros dentro de treinta minutos, tendré a alguien que retroceda para ayudarte. Mantenga esa pistola ametralladora completamente cargada y lista por si acaso. ¿Tienes una preferencia sobre qué otro hombre, si es necesario?"

"Ja, Oberleutnant, lo hago con tu permiso".

"Por supuesto", respondió Noack.

"Señor, PFC Karl Schwartz era un trabajador de la construcción antes de la guerra y sería muy útil".

"Gracias, Otto. Esa es una información muy útil. Cada vez que llegas tarde, haré que Karl retroceda hacia ti. Dependemos de ti para hacernos desaparecer".

"Ja'wohl, Herr Oberleutnant. Se hará".

"Gracias, Unteroffizier Schroeder. Sigue adelante y pídele a Rudy que vuelva a caer con Ernst". "Ja'wohl, Herr Oberleutnant".

Corrió hacia atrás, ayudó a Willie a subir el trineo por una pequeña pendiente. Después de esto, Karl siempre estaba con el trineo junto con Willie, y Hans ayudó cuando no llevaba a cabo sus deberes médicos.

Era una noche clara y fría mientras se movían hacia el norte, girando a la izquierda y luego de vuelta a la derecha cada vez que los obstáculos bloqueaban el trineo en la parte trasera. Los nueve hombres sabían que el concepto de frío era relativo. Todos tenían amigos o parientes que sirvieron durante "Unternehmen Barbarroja". Los que regresaron informaron de una escena como la que los hombres de Napoleón habían encontrado a las puertas de Moscú en el invierno de un siglo anterior. Los hombres que se quedaron dormidos murieron congelados. Los hombres heridos que no tenían compañeros soldados cerca casi se congelaron cuando cayeron. Los nueve hombres sabían que este clima era una bendición y no se quejaron. Incluso medias raciones y mucha agua fue una bendición.

El pequeño grupo estaba haciendo bastante buen tiempo esta noche y tomó descansos cortos aproximadamente cada hora. Después de uno de los descansos alrededor de las 0200 horas, Hans Mueller, que generalmente se quedaba en la parte trasera, escuchó un gemido de amortiguación desde detrás de él en el trineo. Era Karl Schwartz, quien había atravesado las dos o tres pulgadas de nieve sobre una tabla con un largo clavo que sobresalía a través de ella. El médico Hans Mueller le dijo que se quedara quieto y cambiara su peso a la otra pierna y luego corrió hacia Stabsfeldwebel Steiner e informó. Por supuesto, Oberleutnant Noack pudo escuchar el informe del médico antes de que Hans concluyera. Noack detuvo al grupo y envió a un corredor al norte para detener a los hombres de Recon hasta que se les notificara que reiniciaran.

Hans y Unteroffizier Schroeder pisaron la tabla despejada mientras Karl sacaba el pie del clavo, que había entrado en su pie derecho en la almohadilla detrás de los dedos de los pies. Hans limpió la herida, le puso medicamentos y un vendaje con un par de calcetines frescos para ambos pies.

Noack había observado y estaba satisfecho con el trabajo de Hans. Envió a un corredor para decirle a Fritz y Max que reiniciaran en treinta minutos, lo que le daría un descanso a Karl y a todos los demás.

Después de que el Comandante volvió a hablar con Ernst y Rudy, Hans se adelantó para informar que estaba libre si necesitaban algo. Noack le preguntó sobre una vacuna contra el tétanos y Hans le dijo que Karl tenía una hace menos de un año, por lo que estaba en buena forma. Noack dijo: "Lo hiciste bien, Hans. Tenemos la suerte de tenerte con nosotros. Regrese y dígale a todos que Karl está bien. Nos mudamos en cuarenta y cinco minutos".

"Ja'wohl, Herr Oberleutnant", respondió Hans, y saludó, no el saludo del partido sino el saludo de un soldado. Noack lo devolvió. Hans regresó a la retaguardia, diciéndole a todos en voz baja que Karl estaba bien. A partir de ese momento, solo el saludo del soldado fue utilizado por todos.

Después del descanso, se mudaron lentamente. La temperatura erade unos treinta y dos grados Fahrenheit, la noche clara, por lo que la visibilidad era tan buena como la vista de los hombres de Recon. Estábamos siguiendo sus pasos y nos preparamos para cubrir el sendero el último cuarto de milla más o menos antes de establecer el campamento.

Durante los siguientes tres días se movieron lentamente hacia el norte hacia Visegrád sin incidentes con temperaturas en los años treinta. Durante el día, mientras se camuflaba en el bosque, la temperatura flotaba entre los años treinta y cuarenta. En la tercera noche alrededor de las 1700 horas mientras se preparaba para comer y cerrar el campamento para viajar hacia el norte, comenzó a lloviznar con nieve ligera mixta.

A las 0500 horas cuando se encontraron con Fritz y Max en el siguiente campamento, solo había llovizna. Noack pensó:"Bien. Simularáel tipo de clima que encontraremos hasta Šabac,lluvia fría o nieve o una mezcla. Cualquier civil con sentido común se quedará en casa. Los partisanos comunistas se refugiarán en sus campos. Esto nos dará una buena prueba de nuestra tasa de viaje y cómo los hombres pudieron mantenerse listos para el combate".

Todos se habían desempeñado bien y se estaban acercando a Visegrád,por lo que el Oberleutnant Noack decidió tener otra charla con los dos hombres de Recon, Fritz y Max, dondese sentaron bajo dos ponchos extendidos por encima de la cabeza y un tercer poncho en el suelo. Noack les dijo que hablaran libremente y que se tranquilizaran.

El vello facial de Noack tenía muchas canas y era mucho más pronunciado que los dos jóvenes que apenas tenían veinte años, si es que eso. Noack encontró su mente vagando de regreso a su casa, su esposa, Johanna, su hijo, Hans-Jürgen,ahora de diez años, y su pequeña hija, Hannelore, que tendría cuatro años en mayo de 1945, a solo tres meses de distancia.

Volvió al momento y se dirigió a los hombres. "Tendremos que vigilar de cerca las primeras casas en las afueras de Visegrád. A pesar de que son nuestros aliados, no podemos ser vistos por nadie o podría poner en peligro la misión y hacernos matar a todos. Estas personas comercian a través del río Drina. Los rumores de nuestra presencia alertarán al enemigo. ¿Entiendes?" Ambos respondieron:"Ja'wohl, Herr Oberleutnant".

"Bien. Quiero que cortes bruscamente a la izquierda cuando veas por primera vez las afueras, asegurándote de que estaremos fuera de la vista a medida que nos movemos hacia la izquierda. Dejaré a su juicio qué tan lejos vamos a la izquierda, ya sea un cuarto de milla o media milla, siempre y cuando encuentre un lugar denso y seguro para nuestro campamento de día. No debe ser visible a las afueras de Visegrádni a ninguna posición elevada o carretera a Visegrád. Si tenemos que cruzar una carretera para llegar al camping, el hombre de Recon más cercano regresará al suelo y ayudará a Unteroffizier Schroeder, Karl y Willie mientras cubren el sendero hacia y desde la carretera para que ningún automovilista o excursionista vea nuestro sendero hasta la carretera si comienzan a preguntarse qué está pasando. ¿Entendido?" "Ja'wohl, Herr Oberleutnant".

"Bueno. See el médico, tomar un poco de leche y un bocadillo, y dormir un poco". Se levantaron, se dieron la vuelta y saludaron. Permaneció sentado mientras devolvía el saludo. Se sentía frío, mojado y demasiado cansado para levantarse. Sabía que Ernst y Rudy manejarían las cosas de una manera militar mientras él se secaba y dormía un poco.

Lo siguiente que supo es que Ernst lo estaba despertando para prepararse para cerrar el campamento y partir después del anochecer. Se dirigirían a Visegrád y luego girarían a la derecha durante la cantidad de tiempo que habían ido a la izquierda, con la esperanza de salir por encima de Visegrád cerca del Drina. Elegirían un campamento seguro a unos veinte minutos a pie del Drina.

Despuésdeunahora y media, Max regresó corriendo al grupo, diciéndole a Stabsfeldwebel Steiner que estaban demasiado cerca de las afueras, volviendo bruscamente a la izquierda durante veinte minutos y luego volviendo a la derecha hasta que encontramos a Fritz. Max dijo: "Sígueme".

Max se fue solo unos minutos antes que ellos para que pudieran seguirlo fácilmente. Noack pensó: "Para cuando nos acerquemos al río Drina en el campamento, el amanecer se romperá". Esto le preocupaba y tenía razón. Mientras Schroeder, Willie y un Karl ligeramente cojeando borraban su rastro en el campamento, los demás cubrieron las cosas cuando la temperatura comenzó a bajar en la luz gris del amanecer.

Después de que todo estaba en orden y los hombres tomaron un poco de leche, se sometieron a una inspección de los pies y comenzaron a meterse en sus sacos de dormir mientras los guardias estaban apostados, Noack envió a buscar a Ernst, Rudy y Otto, los tres suboficiales principales. Les dijo que se relajaran y hablaran libremente en todo momento, ya que entrarán en territorio enemigo esta noche con un pequeño equipo para verificar los sitios de aterrizaje del grupo y reconocer hacia Šabac durante aproximadamente una hora y luego regresar. Les aconsejó: "Fritz había encontrado un gran lugar donde el Drina serpentea en un pequeño semicírculo y la distancia de costa a costa es de aproximadamente setenta y cinco yardas".

Oberleutnant Noack continuó: "Creo que solo un hombre de Recon, un hombre de demostración y una persona para ocultar la balsa y protegerla cubierta por lo que esté disponible hasta que regrese, luego los tres regresan aquí y me informan sus hallazgos. Si todo va bien y está despoblado, partiremos hacia Šabac y nuestra misión mañana por la noche. Ahora, acordemos quiénes serán los tres que irán esta noche".

Stabsfeldwebel Steiner habló primero diciendo: "Señor, como subaficial mayor, es mi lugar liderar este equipo esta noche. Creo que el cabo Fritz Peiper como Recon y PFC Schwartz. Fritz y yo podemos ver mucho en una hora. Con su permiso, señor, veré a Fritz en unos minutos y obtendré su descripción del sitio de cruce y el tipo de terreno cerca de la costa para ocultar la balsa".

Noack respondió: "Permiso concedido. Muy bien. Luego

Otto, ve a vaciar la balsa y las paletas y asegúrate de que los tres hombres tengan suficiente munición extra en la balsa si es necesario".

"Ja'wohl, Herr Oberleutnant", respondió Otto, mientras partía.

Entonces Noack sonrió mientras se alejaban unos metros y dijo: "Ernst, te acercas a Fritz y Karl y explicas la misión de esta noche y luego duermes hasta las 1800 horas. Come, revisa tus cantimtinas, armas y munición. También haz que Rudy deje que Fritz tenga su pistola ametralladora esta noche y Karl su arma lateral". Ambosse miraron a los ojos el uno al otro durante unos largos segundos sabiendo que la mierda estaba a punto de golpear al ventilador.

Ernst respondió:"Ja'wohl,Herr Oberleutnant", saludó, alejándose mientras Noack se paraba y devolvía el saludo, "Los veré a todos antes de que se vayan al Drina". Steiner se volvió, sonriendo a este valiente anciano, y asintió con la cabeza de manera positiva.

Noack se levantó a las 1730 horas y se limpió, se vistió y a través del denso bosque se acercó a comer sus raciones con Ernst. Ernst le dijo a su comandante que Fritz dijo que el área de aterrizaje está desolada. Hay una curva que bloquea la vista desde Visegrád y desde la otra dirección, y mucha maleza para que Karl use escondiéndose y la balsa mientras él y Fritz exploran el área que va hacia Šabac. Noack estaba feliz y dijo: "Por favor, dale a Fritz mis cumplidos y les deseo a los tres Dios". Cuando estaba llegando el tiempo, Noack se excusó y bajó a la balsa para desearle a Fritz y Karl lomejor luck. Hecho esto, regresó a su lugar y envió a Rudy y Max para su sesión informativa. Se despedían de los hombres que salían a la misión, pero llegaron en tres o cuatro minutos. Noack les dijo que se relajaran y se sentaran.

Mientras Rudy se masticaba tabaco y Max rechazaba una oferta de masticar, Noack pensó en lo que diría. Tenía que hacerles entender, pero también saber que la seguridad de Ernst, Fritz y Karl estaba en su corazón, así como en el de ellos. Habló lenta y suavemente a estos dos jóvenes soldados con experiencia limitada, diciendo: "Rezo para que nuestros tres hombres devuelvan la seguridad a las 2400 horas, pero es posible que no. Nuestros hombres y nuestro enemigo están en las manos de Dios. Tenemos que planificar para lo peor y todos rezamos por lo mejor, y debemos estar listos para repeler un ataque si se meten en una pelea".

Continuando, dijo: "Tan pronto como terminemos aquí, Rudy, quiero que recojas a un tercer guardia con la mayor experiencia de combate y lo envíes a las 2200 horas a un punto a medio camino entre nosotros y el río Drina. Si ve a nuestros hombres en el camino, pídale que se una a ellos. Si hacedisparos o ve movimiento enemigo, dígale que retroceda silenciosamente a mitad de camino y luego dispare dos disparos rápidos desde su brazo lateral y corra el resto del camino de regreso a nosotros. Nos trasladaremos a nuestra posición de reserva, que será nuestra antigua guarnición en Visegrád. Nos dará una buena cobertura en todas las direcciones. Además, el alcalde es leal a nosotros y puede ser capaz de escondernos a plena vista. Nos cambiaremos a ropa civil. Si el guardia nos echa de menos, verá nuestro rastro hasta la guarnición".

A Max, Noack le dijo: "Ve a decirle a Otto y Willie que

vuelvan a empacar todo en el trineo y apuntárselo a Visegrád". A Rudy le dijo: "Ydígales a todos que tengan todo su equipo listo y estén completamente vestidos, encerrados y cargados con fácil acceso a sus granadas. Si escuchan dos disparos antes de que nuestro equipo de Recon regrese, significa que volveremos a Visegrád y a la guarnición con el trineo asistido por todos. Si nuestro equipo regresa a salvo, volverá a desempacar y le informaré cuando Ernst termine de informarme. Luego volveremos a poner guardias y descansaremos un poco".

"Mientras tanto", dijo Noack, "revise todas las armas cuidadosamente". Le dijo a Rudy y Max: "Ve a hacerlo".

El Oberleutnant no podía descansar. Caminaba en círculos alrededor de su pequeño campamento revisando las cosas a medida que avanzaba. El tiempo se retrasó en.

Después de 0040 horas, Noack escuchó un ruido suave proveniente del área del guardia perimetral más cercana a la dirección que el equipo había tomado, por lo que caminó en esa dirección. Era el equipo que entraba en el campamento. Dijo en silencio: "Gracias, Señor". Le dijo a Rudy que se hizo cargo de los otros hombres mientras se reunía con los tres hombres que regresaban y el guardia del sendero.

Los cuatro se acurrucaron juntos bajo cuatro ponchos acostadossobre unacuerda. Noack estalló su última botella de Kognak,que estaba aproximadamente tres cuartas partes llena. Les dijo lo orgulloso que estaba de ellos y agradecido a nuestro Señor por recuperarlos a salvo. Les entregó la botella y dijo: "Hay suficiente para que cada uno de nosotros tenga tres disparos mientras me pones al día".

Ernst comenzó a informar de su actividad: "Señor, salió bien. No tendremos ningún problema para conseguir los nueve y suministros en dos viajes. Está totalmente aislado durante unas tres millas tierra adentro hacia Šabac. Luego tendremos que hacer que Fritz y Max encuentren rutas serpenteantes alrededor de esta región agrícola, trabajando hacia el Sava que fluye de la manera en que nos dirigimos".

Ernst continuó: "Dado que es invierno y el clima parece

alternar entre la nieve y la lluvia, el suelo es un desastre. La mayoría de las familias de agricultores, a excepción de las tareas de la madrugada, se quedarán en el interior. Hay suficientes tramos de bosques para encontrar lugares donde camuflarnos durante el día. Mientras estemos muy quiet temprano en la mañana mientras hacen sus tareas agrícolas, estaremos a salvo. Necesitamos acampar antes de que salga el sol para camuflarnos, especialmente si estamos cerca de la residencia de alguien. Podremos juzgar nuestra distancia de ellos por las chispas y el humo de su chimenea. Señor, ¿le ha dado el soldado Thomsen toda la información que tiene sobre el terreno y el puente?" Noack pensó por un segundo y respondió: "Sí, estoy seguro de que lo ha hecho. Es un joven valiente". Ernst sonrió, de acuerdo, "Estoy seguro de eso, señor. Como usted piensa que no hay nada más que podamos obtener de él en términos de información, es mi opinión, señor, que esta misión no lo necesita a él ni a todo el equipo y suministros. Rudy y yo podemos llevar los explosivos, el alambre, el detonador y nuestras armas. Alguien más puede llevar la munición y las raciones adicionales durante cinco a siete días, que dividiremos en medias raciones con la ayuda del médico y usted, Oberleutnant, para guiarnos.

Willie can tomar la balsa de vuelta a través del río Drina. Otto y los hombres pueden llevarlo de vuelta a nuestro campamento. El soldado Thomas borrará todas las señales de nosotros con el rastrillo antes de abordar la balsa. Cuando el equipo y los hombres estén en el bosque de nuestro lado del Drina, Willie borrará las huellas a través de la orilla hasta el sendero boscoso".

Oberleutnant Noack declaró: "Nos hace más ligeros y rápidos, buen pensamiento. ¿Quiénes son los otross who creesque serán más útiles para la misión y por qué?"

Ernst respondió sin pensar ni dudar: "El cabo Fritz Peiper,hombre mayor de Recon, y el PFC Hans Mueller, médico. Hay una mayor probabilidad de que uno o más de nosotros podamos resultar heridosencualquiera que permanezca en todo el Drina".

"Bien tomado, Ernst", declaró Noack. Luego miró al sumo sudoficial Fritz Peiper y dijo: "Fritz, ni una palabra para nadie, pero ve a decirle al sargento Schroeder que me informe ahora. Te quedas con el trineo y los suministros hasta que regrese".

Fritz se puso de pie, saludó y dijo"Ja'wohl, Herr Oberleutnant", y se fue.

Cuando llegó el sargento Otto Schroeder, Noack le dijo que se sentara y le ofreció una foto de Kognak,que era todo loque quedaba en la botella. Noack comenzó a explicar que el grupo se estaba dividiendo para mejorar la velocidad y aumentar la probabilidad de éxito de la misión. Todos irían al cruce de Drina esta noche. Sin embargo, dijo: "You, la balsa, y elresto delos hombres regresarán a este campamento y nos esperarán durante quince días. Dispararemos una bengala que enterraremos esta noche para su uso posterior al otro lado del Drina. Cuando ves esa bengala, tú y dos hombres traen esa balsa lo más rápido posible y están listos para partir hacia Visegrád tan pronto como cruzamos y nos mudamos. La llamarada puede ser temprana o tardía, pero cuando la veas, ven a buscarnos. Si no volvemos por la decimoquinta noche,vaya a la antigua guarnición de Visegrád. Establezca el campamento por otros cuatro días. Si no hemos vuelto para entonces, dirígete a Sarajevo para obtener suministros y nuevos pedidos. ¿Preguntas, Otto?" Otto respondió diciendo: "no, señor. "

Noack dijo: "Bien. Otto, antes de irnos, tráeme un Panzerfaust por si acaso. Lo llevaré. Peiper conseguirá mi pistola ametralladora. Esto debería darnos mucha potencia de fuego con tres MP40. Asegúrese de que Fritz, Ernsty Rudy tengan mucha munición y granadas".

El sargento Schroeder parecía decepcionado de que no iría en la última etapa de la misión, peroentendió la necesidad de velocidad con una carga más ligera. Estaba de pie en la atención cuando saludó inteligentemente y, lleno de emoción, dijo: "Mi Dios en el cielo, señor. Les deseo toda la protección de Dios y deseo poder estar con ustedes". El Oberleutnant Noack se puso de pie y, devolviendo el saludo, dijo: "Gracias, Otto. Has hecho un buen trabajo. Toma el mando de tu grupo y prepárate para llevarnos a cruzar el Drina por 1900 horas. Te enviaré la palabra cuando estemos listos. Despedido".

Después de que Otto se fue, Noack le dijo a Ernst que empacara a su grupo con todo lo que necesitarían y que le dijera a Otto que quiero que todos nosotros obtengamos raciones completas esta noche alrededor de 1700 horas. Ordenó: "A las 1800 horas, los dos grupos se reunirán por separado con usted y Otto, verificando que tenemos todo lo necesario para llegar y volar ese maldito puente en Šabac". Ernst entendió, y Noack dijo: "Voy a dormir un poco, Ernst, te veré a las 1700 horas".

Esa tarde, alrededor de las 1650 horas, Otto estaba cerca del saco de dormir de Noack. Al escucharlo, Noack se levantó.

"Señor, lamento molestarlo".

Noack dijo: "No hay problema. ¿Cuál es la situación?"

"Señor, todo se está moviendo sin problemas. Acabo de traer su Panzerfaust para que lomire, señor".

"Buena idea. Gracias".

Otón saludó y regresó al trineo y a sus hombres. Noack levantó la mano en un saludo somnoliento. Después de lavarse, envió a buscar a Max Berger, que estaba en el grupo de Otto. Max era el otro hombre de Recon, pero lo más importante es que era un experto en Panzerfausts. Noack no había manejado uno desde 193 9en el Centro de Reentrenamiento de Berlín. Había visto a sus hombres usarlos en Polonia y Francia, pero no había disparado a uno. Berger pasó aproximadamente media hora para que lo revisaran en el Panzerfaust, que era similar a la bazuca de los Aliados. Noack luego le entregó a Berger su pistola ametralladora que Fritz había devuelto anoche. Noack le dijo a Max: "Gracias por una sesión muy necesaria en el Panzerfaust. Por favor, lleve mi pistola ametralladora a Fritz. Ayúdelo a revisar cada parte, limpiar, engrasarlo y dispararlo en seco. Expónselo tanta munición como pueda llevar. También dígale a Hans, además de los suministros médicos, que necesita llevar algo de munición extra. También lo haré porque los dos hombres de Demo están completamente cargados y no pueden soportar más peso. Hans y yo tendremos que mantener a los tres con pistolas ametralladoras reabastecidas con munición cuando sea necesario si nos metemos en una pelea. Preguntas?

"No, señor".

Max tomó la pistola ametralladora y la colgó en su hombro izquierdo, se paró en la atención y saludó, diciendo"Ja'wohl, Herr Oberleutnant". Se fue y Noack fue a comer con Ernst y a ver las cosas por sí mismo. Más tarde se reunió en el trineo con Otto y Ernst, quienes le informaron que todo estaba en orden. Decidió sentarse y escribir una carta a Johanna y sus hijos en caso de que no regresara. Después de sellarlo, se lo llevó a Otto y le pidió que lo enviara por correo desde Visegrád el novenodía de la adolescencia sino habían regresado. Luego volvió su mente cien por ciento a su tarea en cuestión, la misión: volar el puente en Šabac.

Volviendo al trineo, le dijo a Unteroffizier Otto Schroeder: "Alrededor de 1830 inspeccionaremos los cinco paquetes, la cuerda y la pistola de bengalas para nuestro regreso. Haga que los hombres que no están en la misión del puente lleven los paquetes y suministros a la orilla del Drina con la balsa. Esto nos dará una pequeña ventaja cuando salgamos al otro lado. También recuerde que usted y Willie necesitarán el rastrillo, la pala y la linterna para borrar nuestras huellas y cualquier cosa que caiga en ambas orillas.

Tendrás mucho tiempo si Fritz tiene razón, y creo que lo está".

Otto respondió: "Ja'wohl. Se hará, señor".

La llovizna se había detenido unas 1300 horas, pero todavía era una noche nublada, fría y sombría cuando Noack se preparó. Cuando terminó deinspeccionar los paquetes y la balsa con Ernst, Hans apareció y dijo: "Lo siento, señor, pero pensé que lo vería antes de irnos". Noack se rió y replicó: "Maldita sea, Hans, creo que puede leer mi mente", a lo que respondió: "No, señor, solo sé que sus pies son un poco más viejos que los nuestros y pueden necesitar más cuidado". Noack agradeció a Hans y se sentó. Después de mirar los pies de su Comandante, Hans dijo: "Señor, tiene un pequeño maíz en el dedo meñique izquierdo que comenzará a frotarse contra su bota. Le estoy poniendo un pequeño yeso encima. Si llega a ser un problema para ti, házmelo saber. Estoy cortando un pequeño agujero en tu bota izquierda para que no se frote. Puedes usar un calcetín doble en tu pie izquierdo si lo deseas". Hans se puso de pie, comenzó a saludar, y Noack lo saludó con la salud, diciendo: "¿Has revisado a todos los hombres?"

"Sí, señor".

Noack respondió: "Buen trabajo, Hans". Hans lo miró directamente a los ojos como un hijo a su padre y dijo: "Gracias, señor".

Después de atarse las botas, Noack estaba al tanto del yeso de maíz, pero como se sentía mejor que sin él, se fue para hacer un último control de las cosas. Le dijo a Otto que el guardia perimetral que salía hacia el Drina debería salir rápidamente Un hombre que no estaba en la misión del puente comió temprano y se usó para relevar a los tres guardias, uno a la vez. Otto respondió a la atención mientras los demás estaban cerca. "Ja'wohl, Oberleutnant", mientras saludaba. Noack se puso de pie y devolvió su saludo, diciendo: "Otto, recuerda la historia que te conté sobre Alsacia. Mantén tu guardia perimetral afilada". Otto respondió: "Ja'wohl, Herr Oberleutnant. Gracias, señor".

Noack regresó a la balsa. Mientras revisaba los cinco paquetes, pistola de bengalas, armas, explosivos, cuerdas y bolsas de munición para cada hombre, Fritz le preguntó a su Comandante si podía contarle a Otto sobre el área de la costa. Noack respondió: "Por supuesto, cabo, habla libremente".

"Gracias, señor".

Fritz luego le dijo a Otto que había colocado una roca en el lugar donde la balsa entrará en el Drina. "Luego remaremos con la corriente, haciendo que sea más rápido llegar al medio de la formación de tierra de medio círculo que nos oculta de la vista. Después de borrar nuestras huellas en la orilla enemiga mientras regresas, estarás remando contra la corriente todo el camino. Será difícil aterrizar cerca de la roca. Será más fácil borrar nuestras huellas si puedes aterrizar lo más cerca posible de nuestro sendero de salida".

Noack irrumpió cuando él y Steiner se levantaron para ir y dijeron: "Otto, ese es un buen consejo, ya que debes borrar todo rastro de todos nosotros en ambas orillas si te lleva toda la noche. No podemos darnos el lujo de ser vistos".

Otto se paró en la atención diciendo: "Señor, le aseguro que se hará, Godspeed para todosustedes", mientras giraba y se iba a la balsa justo delante de su Comandante y el Subaficial Mayor.

Alrededor de 1855 horas después de que cada uno de los cinco tuviera su turno en la trinchera de hendidura y se lavara las manos, vieron la balsa y los hombres con sus mochilas y otros artículos esperando en el camino hacia el Drina. Noack le dijo a Fritz que tomara el punto y llevara a Otto y la balsa a la roca en la orilla para que pusieran la balsa en el lugar correcto. Fritz saludó y se fue rápidamente. Noack y los hombres de la misión del puente siguieron detrás del archivo único de la balsa.

Llegaron al sendero que se abre al río alrededor de 1930. No llovió desde temprano en el día, todavía nublado con poca visibilidad y la temperatura estaba cayendo ligeramente a un frío de treinta y cinco grados Fahrenheit mientras avanzaban en la balsa. Fritz tenía razón; la corriente los agarró moviéndose hacia el Sava. Todo lo que realmente tenían que hacer era hacer ligeras correcciones con remar para dirigir. Aterrizaron en el centro muerto en medio de la cala de medio círculo que bloqueaba las vistas desde Visegrád y desde el área donde el Drina finalmente desemboca en el Sava. El Sava fluyó desde la confluencia de dos arroyos en los Alpes Julianos cuesta abajo en dirección sureste hasta llegar a Belgrado, momento en el que se une al Danubio. Desemboca en el Mar Negro a través de Rumania.

Subieron la balsa lo suficientemente lejos como para no salir a la deriva. Noack le pidió a Fritz que consiguiera una pala y le mostrara dónde debía enterrar la pistola de bengalas ahora almacenada en un bote impermeable. Después de que Fritz terminó de enterrarlo, puso maleza muerta sobre el suelo arenoso. Caminaron de regreso a la balsa. Después de hablar con Otto sobre mantener un control estricto para que estuvieran a salvo, regresó a la balsa y se puso su mochila llena deraciones. También tenía una pistola ametralladora y munición extra. Colgó el Panzerfaust sobre su hombro izquierdo y el MP sobre su hombro derecho.

Ernst se acercó y dijo: "Señor, todo está en orden. ¿Cuáles son tus órdenes?"

Noack respondió: "Bien, Ernst. Envía a Fritz hacia adelante después de que terminemos. Seguiremos sus pasos en seis minutos.

Tú serás el punto y Rudy será la retaguardia. Pistolas ametralladoras delante y detrás. Dígale a Fritz si ve partisanos, comunistas o chetniks o sus campamentos que retroceda hacia nosotros lo más rápido posible para que podamos decidir en qué dirección ir para evitar todo contacto".

"Sí, señor, lo informaré y lo enviaré ahora".

Noack, Rudy y Hans observaron desde su cubierta cómo Willie y Otto borraban los últimos signos de su llegada, saltaban a la balsa mientras estaban en aguas profundas hasta los tobillos y comenzaban a remar inmediatamente mientras la corriente intentaba tirar de ellos hacia el Sava. Ambos remaron como un equipo de precisión, y finalmente aterrizaron a quince o veinte pies de la roca. Uniéndose a los dos que permanecían en la orilla lejana, caminaron en el agua arrastrando la balsa hasta la roca y volvieron a entrar en el sendero hacia el bosque. Por supuesto, Noack, Rudy y Hans no vieron esto, pero sabían que lo hicieron ya que no escucharon ruido, disparos o voces.

El equipo de demostración esperó casi donde estaba

enterrada la pistola de bengalas para que Ernst regresara y los condujera hacia Šabac unos siete o diez minutos detrás del hombre de Reconocimiento Mayor, el cabo Fritz Peiper. Los otros cuatro sabían que sus vidas estaban en sus manos, pero confiaban mucho en sus habilidades ecológicas. Ernst estaba allí en la oscuridad y susurró: "Sígueme, señor". Noack siguió las huellas de Steiner mientras Hans seguía al Comandante y Rudy seguía detrás de ellos, vigilando la retaguardia y ambos lados de su rastro en busca de fogatas o personas o tropas enemigas, cada una de las cuales sería una mala noticia. Steiner también observó el área delantera para un rápido retroceso de Fritz para dar un aviso adecuado para la lucha o la huida. Lo más probable es que fuera un vuelo si tuvieran una opción. Steiner no lo sabía, pero sintió que su comandante iba a llevar a cabo la orden de volar el puente en Šabac sin importar qué. ¡Íbamos a ayudar a proteger a los compañeros soldados de Wehrmach Heer en retirada y a algunos soldados de las Waffen SS a escapar!

Las Waffen SS tuvieron muchos heridos y muertos mientras ayudaba a las tropas Heer. Eran tropas de élite jóvenes, bien entrenadas, y el Heer había recibido su apoyo. Noack había compartido en privado su opinión con el suoma mayor Ernst Steiner de que era una pena que las SS políticas trabajaran bajo el SD en Berlín. Manejaban operaciones negras, asesinatos políticos y cualquier locura ordenada desde arriba. No eran soldados entrenados. Deberían haber recibido otro nombre como los homólogos aliados o las tropas de disposición de las Waffen SS deberían haber sido renombradas. A Noack le preocupaba que los ciudadanos alemanes después de la guerra, como la mayoría de los ciudadanos en la mayoría de los países no saben mierda sobre el ejército, confundieran a los excelentes soldados de combate que lucharon con distinción junto a nosotros muchas veces con las SS políticas. Esto no es cierto. Noack sentía firmemente que las SS Políticas no eran parte del ejército y no eran aptas para llevar las correas de jock de los soldados de las SS Heer o Waffen. Dijo: "Algunas de las SS políticas eran criminales antes de la guerra y la mayoría durante la guerra".

Ernst sabía que las experiencias de la Primera Guerra Mundial y la Segunda Guerra Mundial le dieron a Noack una comprensión más profunda de lo que estaba sucediendo fuera de su teatro de operaciones. Ernst, conociendo el peligro para este leal oficial alemán, no repitió ni informó nada.

Ernst sabía que con solo cinco hombres Noack no comenzaría una pelea a menos que les dispararan y si era su única opción. Su misión era volar el puente, no ganar tiroteos como lo habíamos hecho corriendo a través de Yugoslavia creando corredores para nuestras tropas atrapadas.

Los cinco entraron en la noche. Cayeron algunos copos de nieve, pero todo era barro en el suelo. La temperatura a las 0300 horas bajó a treinta grados Fahrenheit. Alrededor de las 0130 Fritz había regresado al punto de la columna, Stabsfeldwebel Steiner, y le dijo que había encontrado una bonita zona boscosa que sería segura durante el día.

Mientras acampaban, él volvía a salir y encontraba la ruta para la noche siguiente. Steiner le dijo que se sentara y descansara; regresaba y le preguntaba al Comandante. Noack les dijo a Rudy y

Hans que "tomara diez" mientras hablaba con Ernst. Ernst informó a Noack y pensó que era un buen plan. Ernst regresó y le dijo a Fritz: "Aprobado con una gran sonrisa". Fritz también sonrió y regresó a su camino hacia el campamento. Steiner se sentó en su poncho hasta que llegaron los tres. Se unieron a Steiner en sus ponchos durante otros diez minutos y luego se levantaron, doblando sus ponchos después de cepillar el barro. Luego los tres siguieron detrás del Pointman Ernst Steiner. A las 0430 se reunieron con Fritz y establecieron su pequeño campamento con los mismos procedimientos, pero solo un guardia con una pistola ametralladora siempre de servicio y rotaba cada dos horas entre Steiner, Graf y Mueller.

La contraseña era una llamada de pájaro y el guardia sabría que Fritz había regresado después de haber estado fuera. Cualquier problema, Fritz retrocedería al campamento y el Comandante decidiría nuestro curso de acción.

Fritz se acercó al campamento justo al atardecer y usó su llamada de pájaro una vez y se acercó lentamente al guardia perimetral. Después de que Ernst, que estaba surgiendo para relevar a Hans en servicio de guardia, vio a Fritz quitándose elequipo; le dijo que consiguiera un poco de leche y galletas saladas. Pudo relajarse hasta que Ernst regresó con Oberleutnant Noack. Ernst se movía en silencio mientras la luz del sol hacía visible el bosque. Los sonidos de la naturaleza estaban comenzando. Después de que un Noack rígido de mediana edad se levantó y se lavó las manos y la cara, Ernst le dijo que Fritz acababa de regresar y se estaba preparando para dormir. Noack dijo: "Buenas noticias, de hecho. Vamos a informarnos". A medida que se acercaban a Fritz, comenzó a levantarse para informar a Noack, pero su Comandante lo saludó para que permaneciera sentado. Noack se sentó cerca de Fritz a su derecha y Ernst regresó a su puesto de guardia. Noack le habló en un tono bajo a Fritz. "Dame las buenas noticias primero". Fritz sonrió y comenzó: "Señor, es mayormente bueno. Lo hice, según mi mejor estimación, seis millas más cerca del puente. Estimo que necesitaremos, dependiendo del clima, cinco o seis marchas nocturnas más para estar a una distancia sorprendente. Luego dependerá de cuánto tiempo necesite el equipo de demostración para reconocer el puente en Šabac. La mala noticia, señor, es que tenemos que salir una hora o más tarde y hacer campamento una hora antes. Eso es de dos a tres horas menos de nuestro tiempo de marcha diaria, lo que agregará uno o dos días adicionales antes de llegar cerca del puente".

Noack declaró de manera militar: "Excelente informe, cabo Peiper. Díganos por qué necesitamos perder de dos a tres horas por día".

Fritz respondió: "Señor, a partir de este momento tenemos queestaren la oscuridad en todo momento, entrando a un escondite una hora o más antes del amanecer y no salir hasta que la mayoría de la gente haya comido y se haya ido a la cama. Pasaremos por una zona agrícola con pequeños grupos de casas de campo, graneros y arroyos. Hay rodales de árboles a lo largo de la cuenca del Sava en los que podemos estar camuflados durante las horas previas al amanecer, pero es demasiado arriesgado no ser invisible siempre que haya luz. Probablemente las únicas personas que podrían tropezar con nosotros son los cazadores o algún campesino que necesita pescar el Sava, que no está congelado. Puedo llevarnos por un campamento partisano esta noche, pero no puedo hacer nada con los cazadores o pescadores al azar. Espero que no suceda, pero si entran en nuestro campamento, tendremos que matarlos en silencio".

Noack respondió: "Ya veo. La misión es crítica para la seguridad de nuestros hombres que se retiran, por lo que desafortunadamente tiene razón. Tendremos que matar intrusos o arriesgarnos a que la misión se vea comprometida. Hazte revisar los pies, come y duerme todo lo que quieras,Fritz; buen trabajo".

Fritz asintió positivamente y Noack extendió la mano y le dio unas palmaditas en el hombro al joven mientras él y Ernst caminaban agachados hacia un barranco cubierto de arbustos. Era un área pequeña en el bosque pero adecuada para que dos o tres hombres se pararon sin revelar su ubicación al enemigo u otros intrusos.

Noack y Ernst se pusieron erguidos en el pequeño barranco y Noack habló primero: "Bueno, ¿qué piensas, Ernst?"

Ernst respondió: "¿Hable libremente, señor?"

Noack sonrió y de manera amistosa dijo: "Por supuesto, Ernst. Podría ser herido o asesinado en cualquier momento y tú estarás al mando. No podemos tener secretos".

Ernst sonrió y dijo: "Bueno, señor, esta noche será la prueba, moverse por el campamento partisano sin pelear".

Noack, después de tomar un trago de su cantina, dijo: "Fritz volverá a salir una hora más tarde de lo normal, tú treinta minutos después de Fritz, y el resto seguirá en veinte minutos. Entonces Fritz puede retroceder hacia usted rápidamente y descansar mientras usted retrocede hacia nosotros con la información para una decisión. Si Rudy no vuelve a ti dentro de los treinta minutos, no vamos a venir y ambos deben duplicarlo para devolérnoslo. ¿Entendido?"

"Sí,señor".

"Bien", respondióNoack. "Ernst, tengo otro pensamiento y quiero tu opinión honesta. Si Fritz está en lo cierto e incluso si se tarda más en volar el puente de Šabac, dejaremos caer mucho peso después de que el puente sea soplado. Nos moveremos lo más rápido posible de vuelta por la misma ruta por la que vinimos. Por supuesto, iremos muy ancho alrededor de cualquier campamento partisano pero a un ritmo mucho más rápido, lo que significa que necesitaremos menos raciones para llegar a Visegrád,así que creo que podemos volver a las raciones completas y volver a Visegrád en tres o cuatro noches. ¿Qué piensas?"

Pensativo, respondió: "Señor, creo que sería útil para nuestra resistencia y fuerza, y lo necesitamos".

Noack dijo: "Me alegro de que estés de acuerdo. Comenzaremos las raciones completas hoy. Ahora, Ernst, regresa y mueve a los hombres uno a la vez a este barranco con ponchos excepto Fritz. Déjalo dormir. Puedes limpiar, inspeccionar y disparar en seco su pistola ametralladora para him y hacer que cada hombre le haga servicio con supropia arma. A continuación, los inspecciona. Asegúrese de que los hombres tengan toda la munición que puedan llevar para las tres pistolas ametralladoras MP40, rifles y todas las armas laterales. Volveré a servir a los míos en mi poncho".

"Sí, señor". Ernst se fue para comenzar el servicio de armas.

Noack lo siguió, ambos en una cuclilla baja.

El clima estaba nublado, pero suficiente luz para ser visto por los cazadores o cualquier persona lo suficientemente desafortunada como para tropezar con su campamento. A todos los hombres, excepto Fritz, que sabía más que nosotros de todos modos, se les dijo que, excepto cuando estaban en el barranco, tenían que hablar en un susurro y caminar agachados. Todo entendido. Noack informaría a todos después de que Fritz y Ernst estuvieran en camino.

Mientras tanto, hacía sus rondas, hablando con el guardia de turno y deteniéndose para responder preguntas de los demás. Luego le dijo a Ernst que se iba a dormir. Después de las raciones completas, alrededor de 1750 horas mientras quedaba un poco de luz, le dijo a Ernst: "Despierta a Fritz para que pueda lavarse, tratarse los pies y comer sus raciones. He romperá el campamento a las 1930 horas, con usted detrás de él poco después. Traeré al grupo en 2010".

Noack fue a su saco de dormir en un poncho seco, que era

agradable, pero hacía un poco más de frío durante el día. Pensó que estaba justo por encima del punto de congelación.

Después de su primera comida de ración completa en un tiempo, todos estaban eructando y sonriendo. Cuando Fritz se fue para encontrar una ruta segura, Ernst consiguió que cada hombre llevara su poncho al barranco uno a la vez. El guardia se sentaría cerca de la entrada donde el Comandante hablaría con ellos. Después de que Ernst consiguió al último hombre allí, se fue para prepararse para seguir los pasos de Fritz en el barro que estaba a punto de congelarse. Noack lo pasó y le deseó buena suerte.

Noack tuvo unos veinte minutos para informar al grupo sobre el peligro de rodear un campamento partisano comunista. Necesitaban usar señales de mano hombre a hombre, silencio absoluto. Estos partisanos pueden incluso tener asesores soviéticos con ellos, lo que los haría más disciplinados y tendrían más guardias de alerta colocados. Si no, habrá enormes fogatas, alcohol que fluye libremente, compañeras y un ambiente de fiesta. Si vemos y escuchamos una fiesta, podremos pasar por su campamento en silencio. Les dijo a los hombres con severidad: "Si accidentalmente invadimos a uno de sus guardias, no podemos disparar armas. Uno de ustedes se cubre la boca mientras su amigo se corta la garganta o lo estrangula. Estas mujeres son grandes, robustas y tan malas como Satanás. Estas mujeres han matado a muchos de nuestros Kameraden en Belgrado en apoyo del ataque soviético. Olvídate de tus sentimientos acerca de las mujeres; estos son asesinos. ¡No lo dudes! Mátala rápido y en silencio. ¿Entendido?"

"Ja'wohl,señor", susurraron en voz baja.

Noack respondió: "Eres retaguardia. Marcharemos en un solo archivo tratando de seguir los pasos del hombre frente a ti. Mantén el silencio absoluto".

Rudy se movió a la parte trasera de la pequeña columna. Se dirigieron por el rastro fangoso parcialmente congelado dejado por Fritz y Ernst. Todavía estaba nublado con trozos de luz de luna cada pocos minutos. Esto preocupó al Oberleutnant Noack ya que eran buenos objetivos cada pocos minutos, pero decidió seguir adelante. La temperatura estaba bajando y comenzó una combinación de llovizna / nieve a medida que avanzaban hacia Šabac. Unos treinta minutos más tarde, a medida que aumentaba la visibilidad, la llovizna se convirtió en solo nieve. La temperatura estaba ahora por debajo de los treinta grados. Noack vio un pequeño puesto de árboles con arbustos altos en el área. Levantó la mano para detener la columna, luego le susurró a Hans detrás de él que firmara a mano a Rudy para que los siguiera hasta el puesto de los árboles. Luego dejó el sendero, yendo a la izquierda hacia los árboles. Fue detrás de dos grandes arbustos que los escondían del sendero.

Noack le susurró a Hans: "Haz guardia con mi brazo lateral mientras me cambio a camuflaje blanco, y luego protegeré mientras tú cambias. Cuando Rudy llega aquí, tomas la pistola ametralladora y la guardia mientras se cambia. Luego retomaremos la marcha. Ernst y Fritz sabrán cambiar. Marcharemos en el rastro de Ernst hasta que regrese para informarnos. Hasta entonces, una vez que estemos de vuelta en el camino, la tranquilidad será nuestra palabra clave".

En cinco minutos, Rudy había monitoreado lentamente su área trasera mientras retrocedía hacia los árboles. Hans tomó su pistola ametralladora y hizo guardia cuando Rudy comenzó a cambiar. Rudy completó su cambio y relevó a Hans. Noack le susurró a Rudy: "Asegúrate de ser especialmente observador de nuestra área trasera a medida que nos acercamos al campamento partisano. Si descubren a Fritz, tratarán de rodearnos. Si escuchamos a Fritz disparar dos ráfagas, Ernst y Fritz saben que cada uno irá hacia el Sava por nuestra cuenta. Trate de encontrar un bote de remos y remar o correr hacia el Drina y la seguridad. Cada uno de nosotros tratará de reunirse en la primera área segura posible disponible cerca del Drina. ¿Entiendes?"

"Sí,sr. primer teniente".

Noack repitió: "No intentes alcanzarnos a Hans y a mí, corre hacia el Sava y escóndete en la maleza". Rudy asintió con la cabeza afirmativamente. Noack dijo: "Hans seguirá mis huellas".

Después de esto, todos tenían capuchas blancas, lo que hacía que la nieve fuera menos irritable. Rudy obtuvo parte de la munición extra del paquete de Noack y los tres volvieron a entrar en el sendero, que se estaba volviendo más difícil de ver. Rudy escaneó el área trasera lo mejor que pudo a través de la nieve que caía. Se rió de sí mismo, pensando que al menos la nieve cubrirá todas las manchas amarillas de ese gran arbusto. Se movió hacia adelante detrás de Hans y Noack. Marcharon durante unos cuarenta minutos, sin escuchar disparos ni ruido. Abruptamente Noack se detuvo tan repentinamente que Hans lo golpeó, pero se quedó callado. Ambos vieron a Ernst caminando hacia ellos. Cuando llegó, Rudy también se había movido rápidamente desde la retaguardia y los cuatro estaban juntos. Ernst susurró que no tenían tiempo para descansar ya que estaban muy cerca de un ruidoso campamento partisano con enormes hogueras y mucho ruido fuerte, pero con muchos guardias perimetrales. Fritz estaba cambiando nuestra ruta alrededor de ellos ahora. Íbamos hacia el este durante aproximadamente media milla, luego giramos a la derecha hacia Šabac. Esto nos llevaría alrededor de los partisanos y a un campamento escondido antes del amanecer. Ernst dijo: "Sígueme, señor". Noack asintió con la cabeza afirmativamente y partieron con Ernst a la cabeza. Llegaron al lugar donde Fritz había retrocedido y arrojado basura partisana. Los hombres cortaron a la izquierda hacia la ruta hacia el este. Sabiendo que la nieve tendría su rastro completamente cubierto en minutos, Noack no tomaron ninguna precaución. Ernst disminuyó su ritmo una vez que estaban a unos cien metros más allá de la intersección, ya que sabía que el cansado y frío Comandante de mediana edad estaba teniendo dificultades para mantener el ritmo. Ernst no haría nada para avergonzar a un hombre que admiraba, un hombre que estaba sirviendo en su segunda guerra maldita. Cuando los tres alcanzó a Ernst, Ernst se dirigió al Comandante. "Señor, me torcí el tobillo y solo tengo que ir un poco más lento". Noack sugirió un descanso para que Hans mirara su tobillo. "No, señor", respondió Ernst, "No tenemos mucho tiempo hasta la luz del día". Noack asintió afirmativamente y Ernst lideró con una lenta apariencia cojeante. Llegaron a otro pedazo de basura partisana ligeramente cubierta de nieve. Después de uno o dos segundos, Ernst giró a la derecha y comenzó a dirigirse en paralelo con el Sava hacia Šabac. Unos minutos más tarde, Noack, sabiendo que Ernst y Rudy llevaban explosivos pesados y suministros, pistolas ametralladoras y munición, le preguntó a Hans si podía llevar el Panzerfaust por un tiempo. Hans respondió: "Feliz, señor, todo el camino". Noack sonrió y dijo: "Gracias, Hans". Siguieron adelante. Ernst estaba unos diez pies por delante y saludó con la espalda, venga a él. Ernst susurró felizmente: "Vi a Fritz allí", señalando árboles y maleza alta a la izquierda. Se unieron a Fritz sin preocuparse por su rastro, ya que desaparecería en cuestión de minutos en la intensificación de la nieve.

Inmediatamente siguieron su rutina sin la necesidad de la trinchera de hendidura hasta la mañana, si es que lo hicieron. Fritz, Ernst y el Oberleutnant se conocieron y hablaron en susurros mientras Hans comenzaba en el tobillo de Ernst. No dijo nada cuando vio que su tobillo parecía normal. Mirándolo con severidad, Ernst dijo: "Péguelo con cinta adhesiva y calcetines secos nuevos". Sin un cambio en la expresión facial, Hans dijo: "Ja'wohl, Stabsfeldwebel. Todos recibimos calcetines secos nuevos esta noche". Noack había estado ocupado escuchando a Fritz susurrando su informe y no había prestado atención al intercambio entre Ernst y

Hans.

Según Fritz, tendrían que zigzaguear entre pequeños grupos de casas de campo, dependencias, pequeños caminos agrícolas y arroyos o arroyos el resto del camino, pero eso no debería ser un problema por la noche hasta una hora antes del amanecer. También informó que es posible que tengan que pedir prestados botes de remosdisponibles. Noack corrió la voz de hombre a hombre en un susurro de que si salían unas 2000 horas con Fritz saliendo en 1930 y Ernst en 1940, tomaría unas dos o tres noches más para llegar a una distancia que Ernst, Rudy y Fritz pudieran reconocer el área en el puente. Luego planearíamos la destruccióndel puente de tráfico que cruza el Sava y ejecutaríamos la orden de volar el puente una noche dependiendo del plan de acción de Ernst y Rudy. Noack les dijo a los hombres: "Ahora Ernst les dará la lista de guardias y el resto puede dormir" y en tonos bajos dijo: "Estoy deseando volver a las raciones completas a las 1730 horas". Todos los hombres asintieron con la cabeza de acuerdo. Después de que Ernst terminó de asignar turnos de guardia con Rudy primero, los demás desplegaron cuidadosamente sus ponchos para que una porción cubriera el suelo, luego su saco de dormir con la otra mitad del poncho sobre el saco de dormir. Se quitaron los cascos cubiertos de blanco y los pusieron sobre sus cabezas en el suelo. Sus cabezas estaban cubiertas con la capucha blanca apretada en la parte superior de sus frentes y barbillas. Eran invisibles incluso para su guardia que pasaba.

A las 1700 horas Hans estaba despertando suavemente a su cansado Comandante. Después de lavarse la cara con un trapo limpio de Hans, que lo había humedecido, se limpió las manos. Hans luego revisó sus dos pies. Hans le dijo que el maíz se había desprendido en el yeso. Luego limpió el área con un antiséptico y puso yodo en el área y una pequeña curita sobre su dedo pequeño izquierdo. Luego le dio al Oberleutnant tres calcetines, dos para el pie izquierdo y uno para el derecho. Noack le agradeció cuando se iba a examinar y tratar, si era necesario, a los demás. En 1730 comían sus raciones completas pero frías con leche en polvo o agua. Después de esto, Ernst y Rudy fueron ayudando con una revisión de armas y asegurándose de que cada hombre tuviera toda la munición y granadas de mano que pudiera llevar. Ernst y Rudy también le dijeron a cada hombre que el silencio y las señales de mano cara a cara eran fundamentales en el camino si querían tener éxito en su misión.

Fritz partió a 1950 a finales de la noche bajo cielos nublados con visibilidad limitada a unos diez a quince pies. Estaba nevando ligeramente con la temperatura bajando. Ernst llegó unos minutos tarde debido a que Hans necesitaba terminar su tratamiento con ampollas. Ernst se mudó a las 2005 horas. Noack, Hans y Rudy se fueron en 2015.

Con una visibilidad tan limitada, el silencio absoluto en ruta era esencial. Ernst se sobresaltó cuando Fritz apareció a la vista a unos veinte minutos de salir. En un susurro, Fritz le dijo que aproximadamente media milla más adelante había una fuente de agua para una gran área agrícola a unos veinte pies a la derecha. Dejó basura local que sacó de un contenedor cerca de una pequeña tienda cerrada. Fritz dijo: "Mejor llene todas las cantinas y contenedores. También encontré un periódico de Belgrado de la semana pasada, que creo que está en ruso".

Ernst respondió: "Hablo ruso. Eso es genial, Fritz, tal vez Oberleutnant Noack y yo podamos encontrar algunas noticias e información sobre lo que está pasando en términos de los bolcheviques tratando de perseguir a nuestro Kameraden en retirada".

Fritz respondió: "Espero que sí, pero me parece griego".

Fritz se volvió y retrocedió hacia la nieve ligera, la visibilidad muy pobre y la oscuridad y se movió por el sendero de los animales. Ernst se volvió y caminó lentamente hacia la columna que tenía cuatro o cinco pies de tierra visibles. Siguió sus propios pasos. Después de unos diez minutos pensó para sí mismo el infierno con esto. Vio un tocón de árbol a pocos metros a la derecha de lo que solía ser un rastro de animales y se sentó y esperó. Unos diez minutos más tarde, Noack apareció a su derecha a un pie frente a él. Noack sintió una presencia y estaba buscando su brazo lateral cuando Ernst agarró su mano, "Señor, es Ernst". Noack susurró con calma: "Bien, no estaba seguro". Ernst les indicó que se reunieran cerca. Luego les habló sobre el agua que tenían por delante. Más tarde, él y el Comandante, después de encontrar a Fritz en el campamento, discutirían las noticias de Belgrado. Ernst le pidió permiso a Noack para permanecer más cerca como puntero debido a una visibilidad tan limitada. Noack estuvo de acuerdo y avanzaron hacia la fuente de agua potable disponible.

En unos treinta minutos Ernst encontró la basura que Fritz había dejado marcando en la nieve dónde girar a la derecha. Noack le dijo a Ernst que fuera con Hans a llenar las cantinas mientras el resto esperaba en el sendero. En unos quince minutos Ernst y Hans regresaron con las cantinas llenas y un contenedor. Noack hizo sesgó la señal de reiniciar la marcha hacia el campamento. En menos de una hora Ernst levantó su mano derecha para detenerse. Encontró más basura local apuntando a la izquierda. Abandonaron el rastro y en dos minutos encontraron a Fritz saludándolos. Había encontrado un lugar muy aislado lo suficientemente lejos del sendero y de cualquier camino. Sería seguro durante el día y en visibilidad ilimitada ya que bajaron a un bonito barranco profundo con maleza alta alrededor de la cresta. Cuando se contabilizaron los cinco, Ernst y Rudy construyeron un refugio de tres ponchos que apagó una linterna mientras Ernst leía las noticias rusas que podrían afectarlos, traduciéndose al alemán mientras leía en silencio para sí mismo. Rudy se fue a su guardia. Ernst más tarde lo informaría, quien se lo susurraría a los otros dos. Nadie tenía ninguna queja en los pies o problemas médicos aparte de la fatiga y el dolor muscular, por lo que Hans iba a relajarse hasta aproximadamente 1700, cuando realizaría el control de los pies de los hombres. Todos prepararon su cama de poncho / saco de dormir mientras Rudy publicaba la lista de guardias verbalmente en un susurro a todos. Ernst les dijo a todos ellos que inspeccionarían, limpiarían y engrasarían según fuera necesario todas las armas laterales, un rifle y pistolas ametralladoras después de las raciones antes de la puesta del sol y se mudarían a las 2000 horas. Luego regresó a su refugio con Oberleutnant Noack para discutir los planes. El periódico de Belgrado de una semana de antigüedad que Fritz había encontrado en la basura fue una bendición. Declaró que el cuartel general ruso (soviético) y combinado de Tito en Belgrado había ordenado a la única Brigada Tito en el área de Šabac que regresara a Belgrado hace dos días. También se mencionó que los partisanos, incluyendo un nuevo grupo de partisanos musulmanes, estaban operando en Yugoslavia. Estaban buscando tropas alemanas para la destrucción total. Continuó presumiendo de lo que los soviéticos y Tito estaban haciendo para ayudar a Yugoslavia y tenían planes para integrar completamente a los partisanos comunistas en todas las posiciones gubernamentales antes de que los soviéticos se retiraran de Yugoslavia. Por supuesto, el periódico dijo que los soviéticos estaban trabajando estrechamente con el gran amigo de la Unión Soviética, el mariscal Tito. Noack se rió suavemente y dijo: "No son demasiado brillantes. Antes de que los soviéticos estén a diez millas de la carretera, Tito y sus partisanos comunistas reclamarán que toda la gloria era suya. Habrá que esperar y ver. Pero demonios con eso, lo importante es que esos bastardos comunistas borrachos serán los únicos allí cuando lleguemos. Si reconocemos y luego golpeamos en una noche de mal tiempo, estarán en sus campamentos o cuartos temporales borrachos en sus. Ya sabes, Ernst, en mis lecturas de historia militar, aprendí que durante la Revolución Americana, cuando tuvo su suerte como estamos ahora, George Washington derrotó al pride delejército prusiano, lo que cambió la guerra".

Ernst preguntó: "¿Cómo hizo eso, señor?"

Noack relató cómo, "en una noche de mal tiempo de heladas y fuertes nevadas, cruzó un río y marchó durante la noche a la ciudad donde estaban los soldados prusianos. Había sido publicado en un periódico donde las nuevas tropas prusianas, que apoyaban a Inglaterra, estaban guarnecidas. El general Washington contrató a algunas prostitutas para que estuvieran en la ciudad cuando llegaron los prusianos. La señora envió despachos al general, diciéndole que a las tropas prusianas les estaban gustando a ellos y a la cerveza, el vino y el whisky. Washington sabía que esta era su oportunidad de obtener una gran victoria sobre los regulares bien entrenados por su milicia mal alimentada. Washington y su milicia atacaron temprano en una mañana helada con nieve y hielo por todas partes. Sus hombres mal armados atraparon a los oficiales prusianos en la cama con las chicas de George y los suboficiales y las tropas se desmayó de la bebida. Cuando más y más bajas se hicieron evidentes, el Oficial Superior rindió a las tropas prusianas. Esto reunió a los estadounidenses para luchar por la victoria total. Bueno, Ernst, solo me importa un puente y que todos regresemos a Visegrád y la seguridad. Ya hemos cruzado nuestro río, el Drina, poniéndonos en el lado oeste del Sava. Revisaremos las cosas y esperaremos escondidos la lluvia o la nieve, luego golpearemos alrededor de las 0330 horas una noche. Las tropas que persigan tendrán que encontrarse con vehículos y equipos de Belgrado, ralentizó significativamente". Levantó la mano en un brindis falso diciendo: "Aquíestá el general Washington. "

"Aquí, aquí", respondió Ernst.

"Ernst, ve brief Rudy y duerme un poco. Nos vemos alrededor de 1730".

Ernst desmanteló el refugio de poncho para que Noack pudiera hacer su cama. Partió y pasó a informar a Rudy en silencio y luego se aseguró de que el guardia estuviera en su lugar cerca de la entrada del barranco. Rudy había instalado un cable de disparo atado a latas a unos veinte pies por el otro extremo, lo que sería hora de que disparara su pistola ametralladora al vacío, ya que estaba en la nieve y la oscuridad.

A excepción de un guardia que cambiaba cada dos horas, todos dormían en un saco de dormir debajo de la parte superior de su poncho y luego una capa de nieve. Comenzaron a levantarse lentamente alrededor de las 1700 horas, incluido Noack. En ese momento comenzó su rutina, revisar los pies, inspeccionar armas y equipo, comer raciones completas y prepararse para una breve sesión informativa antes de la partida.

Una vez más, Fritz partió alrededor de las 2000 horas, seguido por Ernst, y menos de treinta minutos después de que Ernst, Noack, Hans y Rudy lo siguieran. Noack estimó que era de unos treinta grados Fahrenheit, nevando, no lo suficientemente frío como para congelar la nieve molida rápidamente a hielo, pero lo suficientemente frío como para salvar los pasos, incluso si la visibilidad fuera de dos a tres pies. Usaría su poncho y se pondría en cuclillas para bloquear su linterna iluminando huellas difíciles de ver, pero esto las ralentizaría. Una vez más, pensó: "Lento pero seguro es mejor que rápido y muerto. De vuelta a la mitad de las raciones mañana".

Caminaron durante cuatro horas lentamente con descansos cada hora más o menos. Unos minutos después de las 0140 horas Ernst se encontró con ellos, levantando su mano derecha para detenerse. Le susurró algo al Oberleutnant Noack y se volvió, yéndose rápidamente. Para entonces, Rudy se había puesto al día con Hans y Noack. Había un tronco de buen tamaño fuera del sendero, hacia el cual Noack saludó para que se sentaran. Se sentó y comenzó en voz baja: "Fritz tiene nuestro campamento. Vamos aproximadamente una milla hacia adelante y giramos a la izquierda en la basura local a la izquierda en un sendero de animales durante aproximadamente media milla, luego a la derecha en la basura durante aproximadamente un cuarto de milla a la derecha. Deberíamos llegar unas 0500 horas, que es mucho antes del amanecer. ¿Preguntas?"

Rudy respondió: "No, señor".

Noack declaró con voz tranquila: "Todo está en orden. Vamos".

Noack se levantó y Hans lo siguió. Siendo el deber de retaguardia, Rudy permaneció sentado durante unos minutos después de que el Comandante se fue. Se levantó después de unos cinco minutos. Un nuevo bocado de tabaco estaba en su boca y, por si acaso, apiló nieve sobre donde había escupido. Con una excelente visión nocturna, no tuvo problemas para seguir a los dos y escanear el área trasera y las áreas traseras derecha e izquierda mientras se movía. A medida que la nieve comenzó a iluminarse, su visibilidad mejoró, y esto le permitió ponerse al día demasiado rápido, y poco antes de que Noack y Hans se encontraran con Ernst en el marcador de basura, estaba a unos diez pies detrás llevando el Panzerfaust. Rudy pensó: "La posibilidad de ver un T34 soviético en esta área es menor que ver a un duende irlandés", riendo en silencio para sí mismo.

Noack les indicó a ambos que vinieran con él cuando Ernst se hizo visible, saludándolos. Ernst dijo que todo estaba claro y que estaban a unos cuarenta y cinco minutos del campamento fuera del sendero. Estaba bastante nivelado y dejaba caer basura local si había agujeros u otros impedimentos. Partió y los tres siguieron en la formación habitual. Sin advertencias vistas de Ernst, hicieron un excelente tiempo. Llegaron con una sonrisa y el saludo de Fritz, un gran hombre recon. Noack estaba contento y dejó que Fritz lo dirigiera a una bonita zona hundida rodeada de pequeños árboles blancos y tupidos. Había espacio para cuatro, lo cual era perfect ya que uno siempre estaría en un turno de guardia giratorio. Hans y Rudy podían alternar usando un saco de dormir para que Fritz pudiera dormir después de regresar de un área antes del maleo una vezque informó a Noack. Mientras Hans revisaba a Rudy y sus propios pies, Fritz informó a su Comandante con el Suboficial Mayor escuchando atentamente.

Fritz habló libremente según lo ordenado, diciendo: "Tuve que pedir prestado un bote de remos para cruzar un pequeño arroyo por delante. Lo vuelvo a poner tal como lo encontré y la nieve borrará mi uso. Toda esta área está llena de caminos de tierra agrícola, arroyos y estanques. Los arroyos desembocan en arroyos y la mayoría van hacia el Sava. Cuandoterminemos, señor, con su aprobación, voy a salir a buscar una pasarela para cruzar el arroyo. Debe estar de vuelta antes de la luz completa. Me quedaré cerca para cubrirme. Con todo blanco, nadie me verá de todos modos, incluso si me estuvieran buscando, y en camuflaje blanco estamos en bastante buena forma. "

Noack le agradeció y dijo: "Toma un poco de leche en polvo y galletas saladas y ponte en marcha".

"Sí, señor".

Se mudó a Hans para obtener algo en una ampolla mientras hacía su leche y comía sus galletas.

Rudy había tomado la primera guardia. En diez minutos Fritz se había ido. Ernst le comentó a Noack: "Fritz es como un fantasma. Aparece y luego desaparece".

Noack respondió: "Bueno, me alegro de que lo hayas encontrado cuando estabas buscando voluntarios con el Mayor".

"Sí,señor. Me,también! "

Noack preguntó: "¿Cómo encontraste a Willie?"

"Señor, cuando se enteró de que estábamos buscando voluntarios para aceptar una misión peligrosa de alto secreto, se puso de pie y gritó: 'Yo, señor'. Lo llevé afuera y el soldado Thomsen me dijo que había estado en una compañía de infantería en un batallón que formaba parte del Grupo de Ejércitos de von Weichs en Belgrado. Dijo que la lucha contra las tropas de Tito, las tropas soviéticas, las tropas búlgaras y los sucios partisanos fue horrible. Dijo que unos doce mil soldados de la Wehrmacht sabían que la única salida era a Šabac y al puente. El niño se sorprende de que esté vivo. Todos sus amigos fueron asesinados entre Belgrado y el puente. Terminó en el centro de la retaguardia cuando llegaron al puente en Šabac y cruzaron". También dijo que escuchó a un oficial de campo decirle a un comandante de la compañía que aproximadamente doce mil huyeron a partir del 19 de octubre ya que no era posible la comunicación con el Grupo de Ejércitos de von Weichs. Los comandantes de división y brigada asumieron que habían sido invadidos, asesinados o capturados. Hubo combate de edificio a edificio y de piso a piso en Belgrado. Evidentemente, se corrió la voz de que todas las unidades se despejaran y se retiraran luchando contra una sección de retaguardia a Šabac, se reagruparan en el lado occidental y procedieron a Sarajevo para recibir órdenes.

Ernst continuó: "Sé que los informes de un soldado no tendrán mucho peso con OKH, pero jura que vio a miles de nuestras tropas muertas en el camino hacia el puente de Šabac, pero cuando se compara la estimación de pérdidas del soldado Thomsen con las instrucciones del oficial de campo a un comandante de la compañía, tiene sentido. El Oberst había opinado que estimaba que alrededor de nueve mil tropas de la Wehrmacht cruzaron el puente con cuatrocientos o quinientos muertos en el lado este del puente y en el puente. Tal vez unos pocos cientos en el lado oeste mientras marchaban hacia Sarajevo desde el fuego de mortero debajo del puente".

Noack dijo: "Maldita sea, ahora tiene algún sentido. Te lo explicomañana. Estoy demasiado cansado para hablar. Además, Ernst, si no lo hago, dígale a quien sea que informe que solicité que

Willie,Hans y Max sean promovidos un rango, Fritz a Unteroffizier, Karl a Obergefreiter, y lo respaldo de todo corazón a usted y Rudy a Leutnant y, por último, pero no menos importante, Otto a Stabsfeldwebel. Todos ustedes han superado mis expectativas, por decir lo menos".

Ernst respondió: "Señor, gracias de corazón, pero, señor, Rudy y yo no deseamos ser oficiales. "

Noack sonrió ampliamente y declaró: "¿Realmente crees que lo hice? Bienvenido al mundo del rodar con los golpes, Ernst. Será mejor que reces para queregrese, y mantendré tus promociones en Hauptfeldwebel para ambos. Esa es una gran posición. Realmente lo disfruté".

Ernst, todavía temblado, dijo: "Gracias, señor. Eso suena muy bien y ayudará a nuestras familias".

Noack sonrió y dijo: "Voy a dormir hasta las 1700 horas".

Ernst se fue a revisar todo y, cuando estaba satisfecho, también se acostó. Los guardias cambiaron de turno sin incidentes y todos tuvieron el descanso necesario. Alrededor de las 0800 horas, el guardia escuchó el llamado de Fritz y su pájaro y caminó hacia él. Fritz entró en el campamento y fue directamente a subaño para dormir después de visitar un arbusto distante que tenía una tenue mancha amarilla en la nieve. De repente se volvió más brillante mientras se aliviaba.

Cuando Noack despertó alrededor de 1710, se lavó y vio que Fritz ya estaba despierto y hablando con Otto sobre algo. Cuando vio al Comandante, Fritz rompió su conversación con Otto y caminó hacia el Comandante. Noack dijo: "Sentémonos aquí y esperemos a Ernst. Estará de vuelta". Fritz y Noack apenas estaban sentados cuando Ernst se unió a ellos. Noack dijo: "Fritz, ¿quéencontraste? "

"Señor, cuando salgamos esta noche, podemos ahorrar tres millas hasta un puente peatonal si tomamos el bote de remos, pero no podremos llevar el bote de remos de regreso al otro lado".

Noack dijo: "Está bien. Deje un poco de basura local en el bote. Cuando el granjero encuentra su bote, no nos busca". Ernst y Fritz se rieron en voz baja y Noack sonrió.

"¿Qué más?", preguntó Noack.

"Señor, hay barcos por todas partes. Si íbamos directamente al Sava y tomaban una lancha a motor, podríamos estar en el puente en un par de horas".

Noack sonrió y levantó la mano para detenerse, diciendo: "Gracias, cabo Peiper,pero demasiadas cosas podrían salir mal. Nos quedaremos con lento pero seguro. ¿Entendido?"

Ambos respondieron con un"Ja'wohl,Oberleutnant".

Ernst pensó para símismo, sabiendo que había pensado que era una buena idea,thank Dios para estavieja liebre. La experiencia y el buen juicio vencen a la ambición y a la gloria fugaz. Demonios, podríamos sobrevivir a esta misión.

Como solo estaría a poca distancia del arroyo, Noack quería asegurarse de que la granja estuviera oscura y que todos estuvieran en la cama. Se movieron junto con Fritz en el punto, luego Ernst unos metros más atrás, seguido por Noack y Hans con Rudy muy cerca. Eran como una columna de patos bajando al agua. Salieron a las 2100 horas en nieve ligera con una temperatura fría pero tolerable de treinta y un grados Fahrenheit por el termómetro de Noack.

En el bote de remos lo volvieron a poner silenciosamente en el agua y se metieron. Primero, Fritz arrojó basura local, que incluía correo local desechado, en el bote y le entregó un remo a Hans, quedándose con el otro. Ambos remaron hasta la orilla opuesta. Mientras varaban el bote de remos, Ernst revisó para asegurarse de que no hubiera artículos de la Wehrmacht en el bote, solo la basura de un vecino. Se mudaron, después de haber ahorrado más de dos horas de marcha. Con nieve ligera y una temperatura razonable, podrían pasar un buen rato a través de esta zona agrícola salvo partisanos. En este punto Fritz se fue inmediatamente con Ernst siguiendo en diez minutos y Noack y Hans por detrás por diez minutos y Rudy, como retaguardia, cinco minutos atrás. Zigzaguearon y recorrieron granjas, dependencias, equipos y estanques durante seis horas.

Contando descansos cortos, alrededor de 0400 horas Ernst regresó y dijo que Fritz había seleccionado su campamento a unos cincuenta metros a la derecha del sendero en un denso puesto de árboles y maleza. Unos treinta minutos más, Fritz lo había vuelto a hacer, una zona realmente densa con brocha alta. Después de configurarse con tiempo de sobra, todos eran invisibles en su camuflaje blanco. Todos, excepto el guardia, estaban en sus camas cubiertas de nieve antes de que la luz iluminara gradualmente los árboles. Iba a ser un día oscuro y sombrío, lo cual era una buena noticia. La mayoría de las familias de agricultores se quedarían en el interior en un día de febrero como este, excepto para breves tareas necesarias. Mientras estuvieran tranquilos, estaban a salvo.

Antes de las raciones, Noack Fritz y Ernst se conocieron. Noack les dijo a ambos: "Fritz, quiero que, cuando lleguemos a menos de diez millas de Šabac (las señales para los agricultores fueron vistas por él con frecuencia), encuentre tres buenas posiciones de reserva que podamos usar para retirarnos después de que el puente sea volado. El más cercano a Šabac debe estar a un cuarto de milla del puente. Debe ser una zanja profunda oun barranco con buena cobertura pero un excelente campo de fuego hacia el puente desde donde vendrán nuestros enemigos en busca de compromiso. La siguiente posición de reserva debería estar a media milla detrás de la primera que va en nuestra ruta de regreso a Visegrád. La tercera posición de reserva debe estar a unas dos millas de la parte trasera de la segunda. ¿Preguntas?"

"No, señor",

"Ernst, informarás a los hombres mañana individualmente". Continuó, declarando: "Cuando Ernst esté satisfecho con la selección de la posiciónen cuanto a profundidad, cobertura y campo de fuego, usted satisfiràla munición de repuesto y las raciones en estas tres posiciones de reserva después de que hayamos establecido nuestro último campamento a unas cuatro o seis millas de Šabac. Luego, en una noche con nieve pesada o simplemente muy poca visibilidad, avanzaremos, almacenando las tres posiciones mientras usted, Ernst y Rudy reconocen el puente. Si usted y Rudy están satisfechos de que pueden soplarlo, los cuatro iríamos en aproximadamente 0200 horas la noche siguiente con nieve pesada o poca visibilidad y volaremos ese maldito puente. Hans se quedará en la primera posición de reserva para cubrirnos a medida que regresemos y en caso de que necesitemos tratamiento médico. A medida que Hans y cualquier herido se retiren a la segunda posición, los hombres restantes lucharán contra una acción de retaguardia desde allí hasta la siguiente posición de reserva. Hans en la segunda posición habrá montado un poncho con dos bastones para que cualquier herido que no pueda caminar pueda ser llevado o arrastrado a la última posición de reserva donde haremos nuestra última posición".

Después de un momento, Noack continuó: "Naturalmente, a medida que dejemos la primera y segunda posición, traeremos la munición que queda con nosotros. En la poca visibilidad de esa noche deberíamos estar lo suficientemente adelantados como para estar a salvo. Sabemos a dónde vamos y tenemos un gran campo defuego, y ellos tampoco. Asegúrese de que todos estén atentos a los postes o extremidadesoremos de bote que podemos dejar en la posición dos. ¿Preguntas?"

Ernst habló primero: "Señor, después de que el puente se

vaya, Ernst y yo podemos llevar toda la munición de repuesto y deberíamos poder movernos rápidamente. Señor, ¿qué pasa si uno or más de nosotros no podemos ser llevados si está gravemente herido?"

Noack declaró con firmeza: "Nos pararemos y lucharemos en la última posición o en nuestro último campamento, lo que sea más ventajoso para nosotros. Si me matan, Ernst, será tu decisión. Si volvemos hasta el último camping, creo que lo lograremos. No tendrán idea de nuestra dirección de retirada en fuertes nevadas o lluvias con poca visibilidad. Sabremos exactamente cómo encontrar refugio y seguridad, posición de reserva uno, etc. Una vez que hayamos recuperado el puente, lo esperaremos para el clima adecuado. Esa es la noche en que atacaremos. ¿Recuerdas, George?"

Fritz parecía perplejo. Noack le dio unas palmaditas en el hombro y dijo: "Ernst puede contarte más tarde sobre un soldado great llamado George. Vamos a comer unas galletas saladas y tomar un poco de leche".

Después de que se completaron todas sus rutinas arraigadas,

Fritz se mudó a las 2000 horas con Ernst muy cerca por diez minutos, seguido por Noack, Hans y Rudy quince minutos después. Una vez más, zigzaguearon y se pasearon por las casas, las tiendas rurales, los estanques, el almacenamiento de equipos y encerraron animales. A las 0400 horas vieron a Ernst adelante levantando la mano. Susurró que Fritz había encontrado un último campamento ideal en un sitio de construcción cerrado con trincheras profundas cubiertas de maleza alta más una gran colina desde la cual el Comandante podía usar sus binoculares para mirar el Sava y las afueras de Šabac. Cuando Rudy lo alcanzó, se había quedado fuera tres minutos detrás del Comandante, Ernst dijo: "Está a unos quince minutos de distancia y un poco más de cuatro millas de Šabac según la última señal de tráfico que vio".

Noack dijo: "Excelente. Vamos a llegar allí", y todos se mudaron juntos a un solo archivo detrás de Ernst.

Unas 0450 horas estuvieron en su últimocampamento. Before su reconocimiento del puente de Šabac itsería un día más o menos dependiendo del clima. Había grandes alcantarillas de hormigón sentadas sobre el suelo con maleza alta que las rodeaba. Muchos escondites para una retaguardia si se retiran o si no tienen más remedio que pararse y luchar. Noack estaba nuevamente complacido y agradecido por el Cabo Peiper y el Maestro / Sargento Steiner, y dos buenos soldados que conocían sus trabajos. Se volvió hacia Hans y le dijo: "Necesitaré dos aspirinas y un paquete de esas gotas para la tos en su paquete todos los días. También asegúrese de que cada hombre tenga un paquete de gotas para la tos en su bolsillo para esta noche. No podemos tenerme a mí ni a nadie más tosiendo de día o de noche. Necesitamos estar tan silenciosos como sea humanamente posible a partir de este momento".

Hans, asintiendo con la cabeza, le entregó dos aspirinas y un paquete de fuertes gotas para la tos. Luego se fue para ver si alguien necesitaba algo. Había seleccionado una gran alcantarilla que yacía sobre una zanja larga y profunda que parecía haber sido excavada muchos meses antes. Instaló sus suministros médicos en la alcantarilla y luego fue a cada hombre, aconsejándoles que vinieran a la alcantarilla ahora o alrededor de 1700 horas. Se quedaría en la alcantarilla.

Evidentemente, la guerra había detenido la construcción de algo que habría sido un centro comercial para Šabac y la gente de la granja de la zona. Ahora era su refugio por uno o dos días.

Noack tomó una de las aspirinas y guardó la otra durante 1700 horas. También se relajó cuando una gota para la tos muy potente alivió su deseo de toser. Él, Ernst yFritzse lanzaron cuando entraron en otra alcantarilla muy grande detrás de la alcantarilla del médico. Noack les agradeció por un excelente campamento, totalmente abandonado durante muchos meses por el aspecto de las cosas, pero aún necesitaban mantener todas sus rutinas, cortar zanja, enterrar toda la basura y cubrirse con maleza vieja. Se lo transmitió a Ernst, quien asintió.

Noack luego dijo: "Caballeros, han hecho un trabajo magnífico, pero ahora es la vida o la muerte a partir de esta noche. Sigue haciendo tu mejor esfuerzo y todos podemos llegar a casa". Todos asintieron. Continuó: "Ernst, esta noche no iré; en su lugar, tome Rudy para que ambos sean plenamente conscientes de todos los aspectos de nuestro ataque pendiente. La tarea para esta noche es seleccionar la tercera posición de reserva, ocultar munición y, con suerte, encontrar dos postes para la camillade Han. Si todavía tiene tiempo y parece seguro, avance y trate de encontrar la segunda posición de reserva. Vuelve aquí antes de la puesta del sol. ¿Entendido?"

"Sí, señor", mientras el sudoficial mayor hablaba por ambos.

"Bien. Fritz, ve a preparar tu cama y pídele a Rudy que coloque al guardia".

Fritz respondió:"Ja'wohl, Herr Oberleutnant".

Noack se fue, esperando un buen sueño. Por una vez no estaba lloviendo ni nevando, pero estaba nublado con la temperatura justo por encima del punto de congelación y subiendo lentamente.

Noack regresó a Ernst cara a cara y le dijo: "Necesito compartir más información contigo en caso de que tomes el mando en los próximos días. Cuando el joven Mayor me informó en nuestro campamento cerca de Sarajevo, me dio la última inteligencia que habían recibido de Abwehr en Berlín. Según el Mayor, y coincide con lo que yo y tal vez usted vimos en nuestro camino a través de Yugoslavia liberando a Kameradenatrapado; Berlín dice que las tropas soviéticas están tratando de perseguir y capturar a los soldadosde la Wehrmachtque intentan llegar a Austria a través de Hungría. Iván se quedará en el lado derecho del Sava moviéndose hacia Hungría. Los búlgaros, las tropas de Tito, y los partisanos comunistas y ahora incluso los partisanos musulmanes liderados por los chetniks estarán empujando a lo largo de las áreas occidentales y centrales de Yugoslaviaen busca de cualquier tropa perdida de laWehrmacht. ¿Recuerdas la primera escaramuza en la que nos metimos cerca de la frontera búlgara con destino a Skopje, el lago cerca de Dojransko?

Ernst interrumpió: "Señor, nunca lo olvidaré. Mi mejor amigo, Bruno, de mi ciudad natal, Bad Vilbel, fue asesinado justo a mi lado. Luego se nos ordenó romperlo y volver a en curso hacia Skopje, donde nuestras tropas estaban atrapadas".

Noack respondió: "¡Exactamente! Esto fue tal vez una semana antes de que Belgrado cayera".

Ernst asintió y susurró: "Jah".

Noack preguntó: "¿Qué vimos después de nuestra lucha en Skopje mientras nos movíamos hacia Prishtina con el Kameraden que liberamos?"

"Señor, seguimos viendo basura y tomamos fuego de francotiradores y luego nuestro enemigo giró hacia el oeste hacia Albania mientras avanzamos hacia Prishtina".

Noack respondió: "Sí, y si Abwehr tiene razón, después de la caída de Belgrado, los soviéticos persiguieron a los que huían a Hungría desde el área de Belgrado a través de una ruta diferente. Aquellos Kameraden que se dirigieron a Šabac, aquellos que tuvieron la suerte de cruzar el Sava fueron dejados a las fuerzas combinadas de Bulgaria, Tito y esos malditos partisanos".

Noack continuó: "Sabes que el Sava fluye desde los Alpes Julianos y es nuestra hoja de ruta hacia Austria una vez que nos unimos a la división en Sarajevo".

"Sí, señor".

"Bueno, eso significa que los soviéticos estarán a nuestra derecha a través del Sava hacia el norte y Tito y sus aliados estarán a nuestra izquierda, así que tenemos que permanecer en el centro. Una vez que soplemos el puente, debemos permanecer cerca de la ruta por la que vinimos. Si regresamos, esperemos que Divi vision Operations tenga suficiente sentido para permanecer en el centro con frecuentes movimientos serpentinos. "

Ernst respondió: "Absolutamente, señor".

Noack continuó: "En este momento, Ernst, tomemos el puente y regresemos a Visegrád. Te veré en 1730 por raciones. Sigue adelante y mira si Rudy tiene las cosas bajo control. Me voy a acostar aquí en esta alcantarilla".

"Ja'wohl, Herr Oberleutnant", afirmó Ernst mientras salía para revisar la pequeña área que se utiliza como su campamento.

Más tarde, unavez que terminaron sus raciones, Noack habló en voz baja a Fritz y Ernst, "Sabes, Bulgaria y los chetniks eran nuestros aliados. Ahora están peleando con Iván. ¿Qué tipo de lealtad tenían sus líderes? ¡No mucho! Al diablo con ellos, pero recuerden que no queremos matar civiles, especialmente agricultores o niños, ¿verdad?"

Ambos respondieron: "No, señor".

"Bien. Con la ayuda de Dios estaremos en casa nosotros mismos tratando de olvidar todas estas cosas y, créanme, no queremos recordar a los niños o ancianos que murieron en este maldito puente. ¿Correcto?"

"Sí, sr.primer teniente".

Noack les dijo: "Vayan a revisar sus armas, obtengan la munición despapara almacenar en la posición tres. No te olvides de tratar de encontrar algunos polos". Fritz y Ernst saludaron en silencio y se fueron.

Noack caminó y miró las cosas en silencio y le dijo a Hans que lo vigilaría y que cambiarían cada tres horas a partir de las 0200 horas. Noack dijo que tomaría el primer turno y que había mantenido su pistola ametralladora ya que Rudy y Ernst tenían MP-40. Fritz podía llevar la munición adicional para la posición tres.

Después de que Ernst, Rudy y Fritz se fueron en paralelo con el serpenteante Sava, que era un problema, hacia Šabac. Un minuto estarían más cerca del Sava y cinco minutos más tarde estarían a una distancia más segura de él. No estaba lloviendo ni nevando, pero la nieve estaba en el suelo y la visibilidad era limitada, por lo que era bastante seguro. Los civiles estaban en la cama y no había militares regulares delante de ellos, solo partisanos que probablemente estaban bebiendo mucho a estas alturas y mirando a las mujeres disponibles. Si el buen Oberleutnant tenía razón, podían contar con eso.

Fritz estaba un poco por delante de Ernst y Rudy, ya que era elespecialista en economía. Ernst y Rudy entraron directamente en él mientras estaba agachado. Levantó la mano en silencio para detenerse, señalando hacia la izquierda. Los tres retrocedieron a unos cincuenta metros del sendero. Fritz les dijo suavemente que dos hombres estaban colocando su equipo y un bote de remos junto a un granero. Evidentemente habíamos zigzagueado demasiado lejos y estábamos a un corto paseo del Sava y aproximadamente a menos de tres millas de nuestro objetivo. Dijo que aproximadamente media milla o menos por el camino agrícola a la derecha era un área densa que deberían inspeccionar para la posibilidad de la posición tres.

Después de esperar unos diez minutos de sus pies en un gran árbol caído, caminaron de regreso hacia el granero. Fritz les dijo que se levantaran con una señal de mano. Seacercó cautelosamente al granero apenas visible para Ernst y Rudy. Cuando regresó, tenía una gran sonrisa, dos remos y una bolsa de basura local nueva para marcar los puntos de salto. Rudy y Ernst sonrieron y tomaron uno de los remos y el saco de basura local. Rudy le susurró a Fritz: "Excelente trabajo, Fritz". Siguieron adelante, tres fantasmas blancos, dos llevando un remo y MP40 con Fritz llevando la bolsa de basura y munición en su mochila.

En treinta minutos estaban fuera del sendero sin que se dejara basura ya que no era necesaria. El sitio estaba bien dentro de un área densa, arbustos altos y árboles y un dell natural o área más baja. Cuando estaban agachados o en sus sacos de dormir, no podían ser vistos desde ninguna área. Tanto el camino de la granja como los senderos estaban a setenta u ochenta yardas de distancia por todos lados. Ernst y Rudy hid los mos y munición extra sobre la que colocaron la maleza muerta caída. Rudy le entregó a Fritz una pequeña extremidad con muchas extremidades aún más pequeñas con muchas hojas firmes. Cuando se acercaban a la carretera, caminaban en sus pasos entrantes y Fritz borraba todas las huellas del camino de la granja. Una vez hecho esto, se dirigieron de regreso al campamento con Fritz bringup the rearbrushing footprints for about fifty yards. Estaban sanos y salvos en el campamento a las 0500 horas. Noack estaba en guardia cuando Fritz hizo sonar la llamada del pájaro una vez y Noack caminó hacia ellos, feliz de que sus hijos estuvieran a salvo.

Noack despertó a Fritz unas 0700 horas ya que quería un informe sin más demora. Fritz se lavó la cara rápidamente y se unió a Noack y a los demás. Entraron en su cuartel general, en su alcantarilla.

Ernst, como subaficial mayor, comenzó primero: "Señor, las cosas salieron bien. Primero Fritz tomó prestados un par de rés. Los materiales que Hans necesitará para montar una camilla están en su lugar. La munición de repuesto y los suministros médicos están en la posición de reserva tres".

Noack, irrumpiendo, dijo: "¿Cuántas personas viste?"

Ernst aconsejó: "Solo dos levantando su bote de remos. Estábamos cerca del Sava".

Noack, aparentemente complacido, dijo: "Esa es una buena señal. ¿Qué más, Rudy?"

"Señor, la posición tres está muy bien oculta. Está en un pequeño dell, por lo que si estamos agachados o acostados, incluso con buena visibilidad, no podemos ser vistos. Podríamos luchar contra muchos partisanos con estos MP40, un rifle y granadas".

"Esperemos que eso no suceda. Nuestra única misión es volar el puente y poner nuestros a salvo, respondió Noack.

"Ja'wohl,señor", le ofreció Ernst.

"¿Más?"

Ernst miró a Fritz y Rudy como su mayor rango y dijo: "Señor, Fritz tiene una bolsa de basura y un nuevo periódico, pero no está en ruso, checo o alemán. Es un periódico serbio. Tiene sentido si solo los partisanos yugoslavos reemplazaron a las tropas de Tito recientemente en Šabac ".

Noack interrumpió, diciendo: "No puedo hablarlo, pero

octubre, noviembre y veinticuatro días de diciembre en este lugar puedo leer lo suficiente como para obtener la esencia de sus mensajes escritos".

Mientras Noack había estado hablando, Fritz estaba cavando a través de la bolsa de basura y le entregó el periódico. El Comandante dijo: "Buen trabajo, hombres. Tome un poco de leche o agua y galletas saladas y duerma un poco. Rudy, Hans te despertará en unas tres horas para tomar guardia, luego Fritz y Ernst por última vez".

"Sí, sr.primer teniente".

Los hombres se fueron a merendar y acostarse. Noack se sentó en la alcantarilla pensando en su casa en Cottbus y se preguntó si las tropas soviéticas ya estaban allí. El sol no brillaba, pero se abrió paso lo suficiente como para iluminar adecuadamente el sombrío nublado para que él viera este periódico de tres páginas.

Dios, odiaba este lugar, no al pueblo, sino a los comunistas ateos que estarían y ya están a cargo de su gobierno. Sentía que todas las personas promedio en todas partes eran básicamente buenas, trabajadoras y solo querían cuidar a sus familias y quedarse solas. Eran los malditos políticos, incluso los que decían serreligiosos; ya que muchos se corrompen con el tiempo, pero los comunistas ateos son los peores. Pensó: "Dios nos ayude de estos políticos en todos los conteosque envían a niños y hombres a matarse unos a otros mientras viven como la realeza e incluso se comunican entre sí. Solo somos sus peones". Luego pensó: "Eso es suficiente, Kurt". Abrió el papel arrugado y se sorprendió de que el pescado no hubiera sido envuelto en él. ¡Eso es un descanso! Cualquier pequeña cosa que fuera positiva alegraría su día.

Comenzó a tratar de descifrar las noticias, primero el clima. Lo mejor que pudo ver, las próximas setenta y dos horas serían una ola de frío con temperaturas no superiores a treinta y dos grados Fahrenheit en el día y la noche con nieve durante dos días y noches, nieve ligera a partir de veinticuatro horas, luego nieve moderada y en las cuarenta y ocho horas nieve moderada a pesada durante toda la noche con viento y poca visibilidad. La última noche de este sistema, las condiciones del tráfico serían peligrosas después de las tres p.m.

hasta la noche antes de despejar al día siguiente. Pensó: "Maldita sea, esto es bueno, no tan bueno como lo hizo Washington, pero es nuestra oportunidad de entrar y salir del infierno".

En ese momento, era el turno de Rudy de relevar a Hans. Noack se acercó a Hans y le dijo que despertara a Rudy, pero que le diera unos minutos para aliviarlo. Le dijo a Hans: "Duerme un poco y te veré unas 1700 horas". Ambos se arrastraron en sus sacos de dormir y durmieron profundamente. A las 1715 horas, Hans tocó suavemente el hombro del anciano y dijo: "Señor, es hora de levantarse".

Salió de su saco de dormir y salió de la alcantarilla para lavarse la cara y las manos con un tazón de agua que Hans le había traído con jabón y trapos limpios. Noack habló en voz baja, "Gracias, Hans. Me haces sentir como un humano de nuevo". Hans dijo: "De nada, señor. Mejor déjame mirar tus pies antes de que te ocupes". Hans trató dos ampollas y los restos de su dedo pequeño del dedo deldo delquido izquierdo y dijo: "Aquí están sus calcetines frescos, señor. Solonecesitascalcetines ya que el dedo meñicito izquierdo se ve mucho mejor". Limpió el desorden y se dirigió a la zanja de hendidura que había cavado a su llegada para enterrar los desechos.

Noack fue a donde estaba Ernst y se unió a él. Comieron sus escasas raciones juntas mientras Noack les informaba sobre las noticias del periódico, el clima durante las siguientes setenta y dos horas. Les dijo que esta noche quería que movieran los mos de la posición tres a la posición dos y los suministros médicos necesarios para detener el sangrado y la morfina a la posición uno. Además, necesitaba una descripción detallada del terreno alrededor de la posición uno. Si lo hicieran esta noche, pasarían a la posición tres mañana por la noche. Como estamos tan cerca, les dijo, aparte del deber de guardia y el control de armas, relájese hasta las 2300 horas cuando se mudarían. Él dijo: "Quédate con un solo archivo con Fritz como punto".

Noack regresó a su alcantarilla para descansar antes de que se fueran y tomaría el primer turno en guardia a las 2300 horas con Hans res aliviándolo a las 0200 horas.

El tiempo parece moverse más rápido a medida que

envejeces. Noack pensó que Hans estaba bromeando cuando se tocó el hombro y dijo: "Lo siento, señor, son las 0500". Noack dijo: "Yo también lo siento", mientras salía de su alcantarilla, se limpiaba los ojos y aceptaba el MP40. El Comandante había estado en servicio de guardia durante unos cuarenta y cinco minutos cuando escuchó el canto del pájaro. Se movió hacia sus hombres entrantes. Le pidió a Rudy que tomara guardia para que Ernst y Fritz pudieran informarle.

Ernst y Fritz se sentaron dentro de la alcantarilla de Noack. Después de sentarse en su ropa de cama, Ernst comenzó: "Señor, los remos están en la posición dos con munición y los suministros médicos en la posición uno según lo ordenado. Fritz puede describir mejor el terreno".

Fritz dijo: "Señor, nuestra primera posición de reserva se eleva desde el camino de la granja a nuestra izquierda que corre paralelo al Sava. El puente se puede ver fácilmente y con binoculares está de cerca. Stabsfeldwebel Steiner pudo seleccionar las posiciones debajo del lado occidental del puente donde colocarán las cargas. Además, la posición uno es lo suficientemente profunda como para que nos paremos y disparemos y lances granadas cuesta abajo. A unos diez o doce pies de altura hacia la carretera hay un sendero de animales, muy pequeño pero adecuado para un solo archivo, que corre frente a nosotros de oeste a este y conduce al camino de la granja en el Sava ".

Noack irrumpió, "Gracias, cabo. Ve a relevar a Rudy y haz que me informe ahora". Fritz saludó en silencio después de salir de la alcantarilla y fue a buscar a Rudy, que estaba fuera de la vista. Mientras esperaban que Rudy llegara, Ernst dijo: "Señor, hay algo que no quería discutir frente a Fritz hasta que usted lo aprobara, si lo hace".

Noack dijo: "Adelante".

Ernst declaró: "Mientras seleccionaba los sitios probables para nuestros explosivos, vi algo muy interesante al otro lado del río. Hay muchos barcos amarrados en la orilla a ambos lados. En el lado este, muy cerca del puente, hay tanques de almacenamiento de gasolina. Sería fácil levantarse del agua, disparar nuestro único Panzerfaust que sabiamente trajiste esperando un T34 o algún otro uso posible.

Bueno, tenemos un uso definido, señor. Tan rápido como Fritz es, mientras terminamos de colocar las cargas y correr el cable hacia atrás en la dirección de la posición uno, Fritz podría remar, esconderse debajo del puente hasta su señal, tal vez la llamada del pájaro. Cuando Rudy y yo estamos listos para detonar las cargas, le indicas a Fritz. Subirá la pequeña pendiente desde la orilla, disparará el Panzerfaust en el tanque de almacenamiento y lanzará una granada para agrandar la ruptura con su contenido ardiente drenando. Puede regresar en el bote, remando hacia donde estábamos escondidos con el detonador. Tan pronto como Fritz esté libre del puente y en la orilla, a la vista, detonaré los cargos en su orden".

Noack interrumpió a Ernst, "No, esperaremos hasta que Fritz esté con nosotros para detonar los cargos".

Ernst respondió: "Sí, señor. Luego regresaremos a la posición uno y nos prepararemos para una pelea o movimiento a la posición dos. Además, estarán tan ocupados con camiones de bomberos y voluntarios que intentan apagar el incendiomasivo, que la guardia en el lado oeste estará totalmente ocupada tratando de mantener el tráfico detenido antes de conducir hacia el río Sava. El extremo occidental del puente colgará hacia el río donde la corriente es más fuerte. Esto pondrá énfasis en la estructura restante. Cuanto más esperen para traer equipo pesado de Belgrado sobre el río cerca de Belgrado, más daño se hará a los restos colgantes. Los hombres en el lado este no tendrán tiempo de encontrarse en botes durante al menos unas horas. Las personas en el lado oeste son principalmente agricultores. Estarán observando el fuego al otro lado del río, preguntándose cómo derribó su parte del puente. Mientras observan, volveremos a la posición uno y, si es posible, volveremos a la posición dos. "

Noack le dijo a Ernst: "Excelente trabajo y plan. Después de que lleguemos a la posición tres esta noche, quiero que tú y Fritz me lleven a la posición uno y miraré por encima del puente y los tanques de gasolina. Luego, tú y yo refinaremos el plan para la noche siguiente si el clima se pone lo suficientemente malo. Haz que Rudy establezca el horario de guardia y descanse un poco".

Ernst dijo: "Gracias, señor", saludó después de ponerse de pie y regresó a donde Rudy estaba sentado.

Noack luego se levantó y se acercó para agradecer a Rudy y Fritz por un excelente trabajo esa noche. Se dio cuenta de que Rudy estaba siendo tratado por una ampolla. Después de agradecerles, le dijo a Rudy: "Esta noche, después de que lleguemos a la posición tres, que está a solo una hora más o menos, puedes configurar los turnos de guardia y descansar toda la noche. Iré con Ernst y Fritz para posicionar uno para finalizar nuestro plan de ataque en el puente".

Rudy sonrió y agradeció a su Comandante al igual que Fritz.

Ernst no estaba descansando, sino haciendo guardia mientras Hans trataba a Rudy. Noack dijo: "Tan pronto como Hans ihaya terminado, descansar un poco. Dame la pistola ametralladora. Haré guardia hasta que comience el siguiente turno. Ustedes, hombres, incluido Hans, necesitan descansar".

"Sí, señor, gracias".

Ernst salió y se sentó con los demás hasta que Hans terminó. Hans se dirigió a la alcantarilla médica, se metió en su saco de dormir y se durmió rápidamente. Rudy, Ernst y Fritz, sintiéndose bien de que Oberleutnant Noack estuviera satisfecho con su informe, también se metieron en sus sacos de dormir. Noack caminó alrededor del sitio de construcción desierto, vigilando de cerca la carretera temporal en su mayoría cubierta de maleza dentro y fuera del sitio de construcción abandonado. Pensó en la Primera Guerra Mundial y en la guardia andante cuando era adolescente en 1918, cuando estaban a puntode mudarse para tratar de retomar el territorio que el Reich había perdido en una batalla anterioren 1917 contra las tropas británicas. Pensó: "Qué estúpido fue eso en ambos lados. Muchos hombres jóvenes fueron asesinados en 1917, y resultó que, a pesar de que recuperábamos nuestro terreno en la primavera de 1918, aún más hombres jóvenes de ambos lados murieron. Muchas familias de las naciones alemanas y aliadas cambiaron para siempre, y luego, en cuestión de meses, nos rendimos y Bélgica recuperó el territorio nuevamente".

Mientras caminaba, miró a su alrededor. Fritz se acercó y dijo: "Señor, es hora de mi turno", y saludó. Noack devolvió el saludo en silencio y caminó hacia su alcantarilla. Se acostó en su saco de dormir pensando en los amigos que había perdido en la Primera Guerra Mundial y se durmió.

Mientras el Comandante dormía, Ernst se despertó unas 1500 horas y decidió que agregaría treinta minutos al turno de guardia de todos para que el Comandante pudiera dormir hasta el momento en que Hans revisara sus pies. Alrededor de las 1730 horas Hans despertó suavemente a Noack, quien dijo: "Maldita sea, ¿me quedo dormido, Hans?" Hans respondió: "No, Herr Oberleutnant. El Stabsfeldwebel cambió los cambios de guardia". Noack respondió: "Ya veo. Supongo que es hora de mis pies". "Sí, señor, lo es", respondió.

Siguieron la rutina habitual, y Hans y el Comandante fueron a buscar raciones completas y leche. Rudy estaba en guardia y ya había comido. Cuando todo terminó, usaron la zanja de hendidura, la cubrieron y arrojaron un poco de maleza sobre la tierra perturbada, reunieron todo el equipo y se movieron hacia su próximo campamento, la posición tres. Estaba a solo una hora más o menos de distancia, y el informe meteorológico era correcto hasta ahora. La temperatura definitivamente estaba bajando. La nieve ligera comenzó después de haber estado en movimiento durante unos veinte minutos. Se habían mudado a las horas de 1930 con Fritz conociendo bien la ruta, solo unos cien metros por delante del archivo único, Ernst estaba por delante a unas cincuenta yardas y Rudy estaba subiendo por la parte trasera.

Llegaron al lugar para dejar el rastro en la zona densa con un cepillo dell y alto. No hay necesidad de rastrillar sus huellas en el área, estarían cubiertas de nieve en cuestión de minutos. Noack y su equipo cayeron en sus rutinas y tenían el campamento establecido a las 2230 horas. Rudy y Hans rotaban en guardia en turnos de tres horas, mientras que Noack, Ernst y Fritz iban a las posiciones dos y una para la observación del comandante del puente y los tanques de gasolina, y luego el comandante tomaría la decisión final sobre el ataque.

Noack y su equipo se movieron hacia las posiciones y Šabac. Salieron a las 2315 horas. Todo estaba tranquilo en la posición dos, por lo que pasaron a la posición uno. Hacía frío con nieve ligera a las 0020 horas cuando llegaron. Noack miró a través de sus binoculares en ambos extremos del puente vacío. Como había descrito el soldado Thomsen, ambas chozas de guardia tenían humode carbónsaliendo de sus chimeneas. También pudo ver los tanques de almacenamiento de gasolina con uno muy cerca del puente y una carretera de dos carriles que conduce al puente en el lado este. De hecho, sería fácil, pensó, "para el jovenFritz remar en nieve moderada y poca visibilidad. En nuestro camuflaje blanco volveremos a ser casi invisibles. Es una carrera fácil al lado de la entrada del puente. Está en el lado opuesto de la choza de guardia, dispara el Panzerfaust y regresa al bote y rema hacia nosotros. Maldito buen plan. "

Noack sonrió a Fritz y Ernst y le dijo a Ernst: "Su plan está aprobado con mis cumplidos".

Ernst sonrió, "¿Puedo explicarle a Fritz?"

"Sí, por supuesto. Caminemos por un solo archivo en ese sendero de animales hasta el camino de la granja. No hay nadie a la vista en ningún lugar y en blanco debería ser seguro".

Después de cinco minutos más o menos, los tres bajaron cuesta abajo hasta el camino o sendero y giraron a la izquierda por la suave pendiente hasta el camino agrícola que va al puente. Ernst observó laoreja r y Fritz el frente. Caminaron unos doscientos metros más cerca en la nieve que caía, que comenzaba a acumularse muy bien. Se dieron la vuelta, sin preocuparse por su rastro, que desaparecería rápidamente.

Llegaron de nuevo a la posición tres, su campamento. Fue 0330. Ernst y Noack se fueron a dormir en sus sacos de dormir con sus ponchos por encima y por debajo. Fritz relevó al guardia.

Las rutinas habituales en una operación Noack se mantuvieron hasta las 1600 horas cuando el guardia le dijo a Ernst que todo estaba claro. En la ligera nieve, que comenzaba a espesarse a medida que la temperatura se congelaba, la visibilidad estaba disminuyendo. Ernst decidió despertar al Comandante y a Rudy para que pudieran repasar sus planes por última vez antes de dirigirse al objetivo en Šabac. Noack estuvo de acuerdo mientras se lavaba las manos y la cara con el agua muy fría que Ernst había traído. Rudy se unió a ellos en unos minutos. Los tres miraron los bocetos de Ernst del lado oeste del puente y Noack preguntó: "¿Cuánto tiempo les llevará a usted y a Rudy establecer las cargas y pasar el cable hacia el detonador?"

Él respondió: "En este clima y visibilidad, dos horas superan si Rudy y yo podemos obtener ayuda de Fritz antes de que reme para configurar la diversión".

Noack respondió: "Por supuesto, lo que necesites". Rudy estuvo de acuerdo, afirmando que Fritz sería de gran ayuda usando señales manuales desde debajo del puente mientras subían por los lugares críticos para las cargas. Además, cuando estaban en su lugar, podían dejar caer los extremos de los cables de las cargas establecidas a Fritz, quien podía agruparlos y cubrirlos en el camino hacia el detonador. Después de haber inspeccionado todas las conexiones con los cargos, bajarían y se unirían a Oberleutnant Noack y Fritz en el detonador. Estaría escondido en grandes setos cubiertos de nieve justo al salir del puente hacia la posición uno. Ernst conectaría el cable al detonador para que todas las cargas soplara a la vez.

Noack estuvo de acuerdo en que todo sonaba viable si el clima no se detuvo. Luego declaró: "Después de que Fritz esté en su lugar en la orilla este del puente, le señalaré con una llamada de pájaro. Luego subirá a la pequeña subida desde la orilla y disparará el Panzerfaust en el tanque de gasolina más cercano a la entrada del puente y regresará a nosotros. Cuando esté con nosotros de nuevo, Ernst, detonarás las cargas a mi mando. ¿Entendido?"

Tanto Ernst como Rudy asintieron y dijeron: "Klar, Herr Oberleutnant. "

"Bien. Ve breve Fritz mientras yo informo a Hans. Además, quiero que todos usen dos pares de calcetines esta noche. Se lo diré a Hans".

Ernst y Rudy asintieron y se fueron para despertar a Fritz. Noack se acercó a Hans, que estaba de vuelta en servicio de guardia, y le contó sobre los calcetines y que comenzara su procedimiento de pie tan pronto como estuviera desprevenido. Noack luego se acercó a Ernst, Rudy y Fritz sentados bajo un poncho bajo y colgado bien debajo de la maleza alta cubierta de nieve. Escuchó mientras los tres discutían su plan de acción una vez en el puente. Suena, pensó, "bien pensadopor Ernst, el hombre de la demo senior. Noack les dijo que estaba satisfecho con su plan. Noack le dijo a Fritz: "Una vez que estés de vuelta con nosotros en el detonador, antes de volar el puente, vuelve a la posición uno y ayuda a Hans a cubrir el fuego". Fritz respondió: "Ja'wohl, Herr Oberleutnant". Noack se acercó a Hans en servicio de guardia y le recordó a Hans cuándo iba a estar con los suministros médicos en la posición uno cuando regresaran corriendo. "Saca un montón de munición MP y rifle. Usted proporciona fuego de cobertura si estamos siendo perseguidos por partisanos o cualquier persona. Hans,usted y Fritz disparan los MP y el rifle desde diferentes posiciones y el brazo lateral desde una tercera posición, por lo que pensarán que hay un escuadrón o más que nos cubre. Cuando estemos lo suficientemente cerca de ti, lanza granadas sobre nosotros a sus posiciones. Una vez que estemos con usted y tratados si es necesario,usted y Fritz volverán a la posición dos. Ernst y yo proporcionaremos cobertura mientras Rudy te sigue.

Después de que Rudy haya tenido un buen comienzo, Ernst y yo lanzaremos más granadas sobre ellos y les rociaremos dos pistolas ametralladoras. Luego correremos hacia la posición dos con ustedes tres proporcionándonos fuego de cobertura. ¿Entendido?"

Hans respondió asintiendo afirmativamente.

Entonces Noack se acercó al equipo de demostración y a Fritz.

Noack luego le dijo a Ernst que Fritz relevara a Hans en guardia para que pueda comenzar a inspeccionar y tratar los pies y emitir calcetines. Él dijo: "Rudy, prepara las raciones tan pronto como Hans termine contigo. Con esta nieve más pesada quiero mudarme temprano. Nadie nos verá". Rudy respondió: "Ja'wohl, Herr Oberleutnant".

Noack se fue para tener un tiempo privado para pensar en cada paso una vez más.

Hans finalmente llegó al Comandante para su inspección de pies. Noack le dijo: "Hans, por favor inserta un pedazo de cartón grueso debajo del agujero en mi bota cerca de mi dedo deldo del niño ydamelos dos pares de calcetines". Hans dijo: "Sí, señor", y continuó. Cuando terminaron, él y el Comandante se acercaron por sus raciones.

Ernst había terminado y relevado a Fritz en guardia cuando Rudy se acercó y pidió tiempo para romper el campamento. Era 1650. Noack respondió: "Dile a Ernst que siga adelante y comience a romper el campamento ahora. Nos mudamos en 1730".

"Sí, sr. primer teniente".

En 1730 Fritz sacó el punto a unas diez yardas en nieve moderada. Luego una columna de hombres en un solo archivo, Ernst, Noack, Hans y Rudy en la retaguardia. Siguieron los pasos del otro, solo Ernst tuvo problemas para encontrar los pasos de Fritz, pero no importaba ya que conocía el camino. Era bueno que la nieve cubriera las pistas frescas rápidamente. Fue un poco más lento, pero alcanzaron la posición dos en 1845. Después de un breve descanso y después de que Rudy y Ernst se aseguraron de que tenían todo lo que necesitaban de los artículos almacenados allí, se fueron a la posición uno en 1930. A medida que avanzaban hacia Šabac, las luces de la ciudad no eran visibles a través de la nieve, pero podían ver un tenue resplandor donde estaba la ciudad. Los cinco estaban en su posición profunda una por 2000 horas. Sabían que tenían una larga noche por delante. Se sentaron y descansaron, agradecidos por lascubiertas de casco y lascapuchas blancasapretadas alrededor de la frente y la barbilla debajode los cascos que proporcionaban algo de calor. No hacía suficiente frío para las máscaras faciales, solo unos treinta grados Fahrenheit. Noack le dijo a Ernst que encontrara un palo o una extremidad de aproximadamente dos pies de largo y que afiló un extremo con su cuchillo. Continuó: "La forma en que está cayendo esta nieve, nunca encontraremos el rastro de animales de regreso a nuestra posición. Cuando bajemos a la carretera agrícola, empuje el palo profundamente para que se mantenga por encima de la nieve en el sendero y tírelo al otro lado de la carretera cuando regresemos".

Ernst respondió:"Sí,sr. primer teniente".

Noack luego habló con Hans, diciéndole nuevamente que Fritz volvería primero para proporcionar fuego de cobertura con una pistola ametralladora. Manténgalo provisto de cargadores y cada pocos minutos, dispare el rifle a su grupo desde el extremo opuesto de la zanja y luego dispare su arma lateral desde el medio de la zanja, ¡el suministro de cargadores es lo primero! Noack sabía que Fritz tendría sus suministros médicos listos. Luego declaró: "Nos haremos cargo del fuego de cobertura mientras te diriges a la posición dos. Rudy estará justo detrás de ti". Hans parecía preocupado, así que Noack agregó: "Nome preocupe por ser unmédico disparando armas. No estamos luchando contra los habituales. Estamos luchando contra los partisanos y no respetan las reglas. Los clientes habituales de ambos lados observan las reglas sobre los médicos, pero estos SOB no lo hacen. ¿Entiendes, Hans?"

"Sí, señor, gracias".

Después de que Ernst revisó las cosas nuevamente, Fritz agarró las cuerdas y el alambre. Rudy tomó el detonador y su paquete lleno de explosivos. Ernst tenía el resto, Noack llevaba una de las pistolas ametralladoras y un paquete lleno de clips, varios vendajes gruesos, cinta, morfina y el Panzerfaust. Hans se quedaba en la posición uno.

Con un ligero viento y nevadas moderadas, los cuatro partyeron a las 2100 horas. Se dirigieron por la parte delantera de la zanja hasta el sendero cubierto de nieve que conduce a la carretera. Ernst condujo la extremidad afilada hacia la tierra en el borde de la carretera. Giraron a la derecha y Fritz llevó a los hombres a los setos donde se instalaría el detonador y donde Noack esperaría. Observaba el otro lado con sus binoculares cuando era posible, durante los breves descansos de diez a veinte segundos en la nieve. No escucharon ningún tráfico ni ninguna gente haciendo nada. Evidentemente, la gente se quedaba en el interior y los dos guardias del puente estaban avivando sus estufas de carbón y probablemente comiendo bocadillos cómodamente. Cuando el viento cambió, los cuatro pudieron oler el distintivo humo de carbón.

Fritz fue a lo largo de la orilla y eligió el bote de remos más ligero. Luego tomó prestados dos mejores remos de otro bote de remos. Lo tiró debajo del puente y lo giró hacia la orilla oriental. Lo sacó a mitad de camino del agua y regresó a los setos. Noack le indicó que se le acercara. Noack dijo en un susurro: "Fritz, después de soplar ese tanque de gasolina, lleva el mecanismo de disparo al bote y déjalo caer en el Sava a mitad de camino".

Fritz respondió: "Ja'wohl, Herr Oberleutnant".

Noack agregó: "Quédate lo suficientemente atrás para que no te quemes y recuperes tu culo aquí malditamente rápido".

Fritz estalló en una sonrisa juvenil, diciendo: "Gracias, señor. Lo haré".

Si el informe meteorológico era preciso, Noack planeaba comenzar la desviación en el lado este varios minutos antes de que dejaran caer el lado oeste del puente en el Sava. Fritz tardaría menos de cinco o seis minutos en volver a los setos. Si escuchaba disparos allí o no veían que se acercaba un bote de remos en diez minutos, avanzaban y volaba el puente. Si Fritz sobrevivía, sabía cómo volver a la posición uno por su cuenta.

Ernst, Rudy y Fritz tomaron los explosivos, cuerdas, alambre, herramientas y cinta de color blanco debajo del puente a las 2145 horas. Ernst y Rudy llevaron los explosivos a la parte inferior del puente primero. Rudy observó el lado de Belgrado del puente mientras Ernst estaba colocando las cargas en el lado oeste. Después de dos viajes a los soportes clave del puente, bajaron y descansaron durante unos minutos. Luego tomaron alambre que se desenrolló de los carretes que Fritz sostenía. Ambos volvieron a subir a las vigas y las tuberías fuertes por las que solían arrastrarse. Tanto went a los explosivos en su lugar como conectado el cable a los dispositivos en los explosivos. Esto también tomó dos viajes y los cables tuvieron que ser pegados a la superestructura desde los explosivos hasta el final del puente sobre el lugar donde estaban Fritz y los carretes. Bajaron por última vez a las 0115 horas. Había tardado más de lo que pensaban, pero Noack había contado con eso. Ernst y Rudy cuidadosamente juntaron todos los cables y colocaron cinta adhesiva alrededor de ellos cada cuatro pies hasta que llegó a los setos del detonador. Después de otros veinte minutos de cortar y colocar los cables correctamente en el detonador alemán, todo estaba listo. Noack confiaba en que Fritz sabía exactamente dónde estaba el tanque de gasolina y cómo llegar y regresar. Él declaró: "Todo está listo".

Le susurró a Fritz: "Espero que pueda escuchar la llamada de un pájaro al otro lado del río", a lo que Fritz respondió: "Lo haré, señor. El sonido se mantendrá y tengo una audición excelente".

"Está bien. Si no lo escuchas, usa tu propia discreción. Si crees que puedes hacerlo y volver, hazlo". Ya sea que escuche el llamado del pájaro o no, no reme debajo del puente. Para evitar volar escombros en caso de que tengamos que detonar las cargas antes de verte,debes, al llegar a la costa este, caminar tu bote hacia el Drina a unas sesenta a setenta yardas. Cuando regreses y remes, la corriente te agarrará y hará que sea más fácil dirigirse hacia donde estamos. ¿Entiendes?"

"Absolutamente, señor".

Los cuatro se sentaron en los setos helados hablando durante aproximadamente una hora. Ernst disfrutó de su tabaco de mascar y sonrió cuando escupió detrás de él. No hay necesidad de cubrir ya que la Madre Naturaleza estaba haciendo un trabajo adecuado.

Noack estaba informando a los tres suboficiales sobre noticias que no había compartido de su última sesión informativa por el

Mayor de Brigada. El Mayor informó que la Abwehr de Berlín (Inteligencia) había estimado que las unidades de la Wehrmacht tenían veinte mil bajas de Belgrado y de nuestras otras unidades en Yugoslavia, incluida la 22ª División que corrió para rescatar a Kameraden atrapado. Berlín también said doce mil escaparon por este puente. El soldado Thomsen dice que fue mucho menos. Informó que miles de personas yacían heridas y muertas a lo largo de la carretera desde Belgrado. Con la traducción de Ernst del periódico bolchevique, Tito afirma que los grupos del ejército de von Weichs y Lohr estaban realmente masticados. Tito estimaque tuvimos cien mil bajas. Noack declaró: "Los soviéticos están limpiando al este del Sava a través de Hungría hasta Austria, y Tito, sus partisanos comunistas, los chetniks y otro antiguo aliado, los soldados búlgaros, se quedarán al oeste del Sava limpiando principalmente en el borde occidental de Yugoslavia. Para mí, esto significa que nuestras bajas están probablemente en algún lugar entrela estimaciónde Berlín y Tito, probablemente de cincuenta a sesenta mil. También significa, para nosotros que nos dirigimos a Austria después de Sarajevo, que la zona central es la más segura para nosotros. Debemos permanecer aproximadamente a cinco millas tierra adentro del Sava a nuestra derecha todo el camino. Zigzaguearemos alrededor de esa distancia de cinco millas, vigilando de cerca a los exploradores de Iván que se acercan a nosotros desde el río y a los hombres de reconocimiento de Tito desde nuestra izquierda. Nuestros dos hombres de reconocimiento deben observar ambas áreas auna buenadistancia,centrándose en nuestros lados izquierdo y derecho a medida que avanzamos hacia el norte hacia la seguridad. ¿Entendido?"

Los tres suboficiales asintieron y susurraron al unísono:"Ja'wohl, Herr Oberleutnant".

Noack respondió: "Bien, porque uno de ustedes puede convertirse en el comandante de este pequeño escuadrón en breve. Ahora, señores, es el momento. P.itz,sumérdase a su bote de remos y háganos sentir orgullosos".

Fritz se puso de pie, rápidamente saludó y agarró el Panzerfaust mientras Noack devolvía el saludo mientras estaba sentado. Fritz se mudó a la costa oeste y su pequeño bote de remos. Remando con la corriente hacia el medio donde cae la corriente, remó hasta un lugar en la costa este debajo del medio del puente. Siguiendo la orden del Oberleutnant, caminó hacia el norte hacia el Drina, tirando de su bote ligero con él. La nieve bajaba continuamente y la visibilidad era muy limitada. Tiró del bote a unos cincuenta metros del puente hacia arriba en elshore, apuntando en la dirección de donde pensó que había setos en la costa occidental. Fritz regresó debajo del puente y esperó la llamada del pájaro. Fueron 0322 horas. Se había ido unos doce minutos. No hacía viento. La nieve parecía venir directamente hacia abajo. Fritz escuchó el llamado de un pájaro y se mudó con el Panzerfaust. Caminó, se deslizó y se arrastró por el terraplén ligeramente resbaladizo, pensando "pisar las botas es importante, ojalá tuviera algunas. "

Gracias a un buen empleado en el tanque de gasolina, una gran luz de seguridad lo iluminó. Noack, mirando a través de sus binoculares, no podía ver más que a unos pocos metros de distancia en la nieve. Fritzse preparó para el arma antitanque en un poste de la cerca y apuntó un poco más alto que el lugar que había elegido antes. Disparó y, al golpear, ya se había girado y se dirigía hacia la pendiente. La explosión se sintió en su parte trasera mientras se movía, y en cuestión de segundos toda el área se iluminó con un incendio masivo, sin necesidad de granadas. Sintió el calor mientras se deslizaba por la pendiente hacia la orilla. El fuego se expandía hacia el puente y la carretera y todos los edificios, automóviles y maleza que estaban a su paso. Fritz no miró hacia atrás, sino que fue directamente a su bote y se alejó mientras la nieve caía muy bien.

Noack, Ernst y Rudy vieron cómo el gran resplandor se acentonó y el guardia del puente salió por encima, pero no visible. Estaba bajando la barrera para evitar que el tráfico entrara en el puente.

Noack cambió su vista al borde del río buscando a Fritz, pero la visibilidad era demasiado pobre. Miraron y esperaron. Escucharon pequeñas explosiones en todo el Sava, probablemente los tanques de gas de algunos vehículos. También escucharon voces de mujeres y algunos hombres junto a la barrera del puente occidental, entusiasmados con el incendio y las explosiones al otro lado del río. Noack vio a Fritz a unos cinco pies de distancia dirigiéndose hacia él. Noack estaba radiante y le dio a Fritz un gran abrazo, diciendo: "Buen trabajo, cabo Peiper".

Ernst y Rudy se unieron y luego se arrodillaron para volver a revisar el detonador. Noack miró su reloj. Fueron 0340 horas con total confusión en ambos lados. Un segundo después, Noack miró hacia abajo y dijo: "¡Fuego!" Luego le dijo a Rudy, a medida que el ruido de la gran explosión y el extremo oeste del puente que caía en el Sava disminuyó, que fuera a Hans en la posición uno y "prepárese para dar fuego de cobertura sobre nosotros a medida que subimos por ese sendero. Busca el palo. ¡Vamos!" Rudy se puso en marcha, doblemente cronometrándolo.

Noack luego le dijo a Ernst que lanzara el detonador alemán en el Sava tan lejos como pudiera. "Fritz y yo nos dirigiremos hacia la posición uno. Te pones al día". Ernst inmediatamente se dirigió al río con el detonador mientras Fritz y Noack se dirigían hacia la posición uno con Noack favoreciendo su pie izquierdo. Estaban casi al palo erecto cuando escucharon a alguien detrás de ellos. Se pusieron en cuclillas, y en unossegundos, se pudo ver a Ernst. Se pusieron de pie y los tres se dirigieron al palo, permaneciendo cerca del lado izquierdo de la carretera para no perdérselo.

Ernst se detuvo y señaló el palo amontonado de nieve. Luego lo sacó y lo tiró. Alrededor de cuatro pulgadas de nieve se habían acumulado en el suelo en nuestra ubicación. Ernst fue primero, haciendo un camino claro de huellas para ellos. Fritz fue el último, y para estar seguro borró sus huellas con nieve apilada a tres pies de la carretera. Luego alcanzó al Comandante más lento.

Cuando se deslizaron en la zanja, todos intercambiaron saludos y Noack les dijo a Hans y Rudy que llevaran suministros médicos, munición adicional y raciones a la posición dos. Él, Fritz y Ernst se quedarían cubriendo su retirada.

"¡Vamos!"

Después de que los tres habían observado por la colina hacia Šabac, además del resplandor y los ruidos débiles, no vieron ni escucharon a nadie en el camino. Noack ordenó: "Agarra cualquier cosa que quede que pueda ser importante y lleguemos a la posición dos". Ernst agarró una cuerda que no había sido usada o incluso llevada al puente. Los tres parteron para el puesto dos a las 0410 horas.

Mientras caminaban hacia la posición dos, la mente generalmente enfocada de Noack vagaba, primero hacia su familia, que ya estaba viendo incursiones soviéticas, si no la ocupación en Cottbus. Esperaba que estuvieran seguros y cálidos. Sabía que los soviéticos no podrían ahorrar muchas tropas para la ocupación mientras se dirigían hacia Berlín, según el Mayor. Sus pensamientos cambiaron entonces a la derrota de George Washington de los prusianos. Le había gustado contarles a otros oficiales en Kolding sobre el ataque y lo sorprendidos que habían estado con la historia. Pensó: "Me pregunto si el viejo George vio este ataque inspirado por su ataque a los regulares prusianos". Volvió al momento en que Ernst pidió la llamada del pájaro. "Estamos aquí, señor", dijo Ernst en voz baja. Noack le entregó la llamada del pájaro. Ernst debe haber tenido más viento que Fritz o él mismo, ya que era realmente ruidoso. Sorprendió a Hans, que estaba apuntando a un Mauser en dirección al pequeño sendero entrante. Rudy se rió mientras Hans se sacudía.

En cuestión de segundos los cinco estaban juntos de nuevo. Los tres se sentaron mientras Rudy y Hans vigilaban. Después de quince minutos con los ojos cerrados, Noack se despertó de par en par y dijo: "La nieve continúa, y aunque el sol saldrá, la visibilidad será pobre. Conocemos el camino; no lo hacen. Pasaremos a la posición tres a las 0600 horas. Podremos dormir seguros en ese dell".

"Ernst y Rudy, llenan sus paquetes vacíos con munición y raciones y vamos".

Ernst preguntó: "¿Qué podemos haceraquí?"

Noack respondió mientras se preparaba para marchar: "Deja los remos. Alguna familia tendrá buena fortuna".

Se movieron hacia la posición tres. La visibilidad fuera del sendero en ambos lados era tan limitada que si no podían ver, tampoco podía hacerlo el enemigo.

Noack estaba cerca con su sentido del tiempo, a solo doce minutos de distancia, y estaban a salvo en el dell a las 0612. Rudy repartió tiempos de turno de guardia y cuatro se fueron a dormir en sus sacos de dormir con su poncho por encima y por debajo. Con sus máscaras faciales blancas finalmente en uso, estaban totalmente cubiertas de nieve que todavía estaba cayendo, pero parecía estar cada vez más ligera. La temperatura rondaba los treinta y dos grados Fahrenheit hasta el mediodía y luego se elevó a treinta y cinco grados. A excepción del servicio de guardia, todos durmieron durante al menos seis horas, pero en turnos rotos.

En 1420 Noack estaba levantada y mirando a su alrededor. Ernst estaba de guardia. Noack se acercó y le dijo que lo aliviaría, tomando la pistola ametralladora. Le dijo a Ernst que despertara a todos, que Hubieras se levantara y que Rudy rompiera raciones. "Quiero mudarme más temprano y quedarme fuera más tiempo cada día. Después de cruzar el Drina podemos relajarnos un poco. Dile a Fritz que venga a verme después de que Hans termine con él".

En unos quince minutos, Fritz llegó donde Noack estaba parado justo encima del dell, pero solo su casco blanco estaba por encima de la maleza alta. Incluso en la nieve ligera, el sendero para la gente estaba demasiado lejos para una visibilidad clara. Noack comenzó a hablar con Fritz, diciéndole que después de un gran estrés como anoche la gente tiende a descuiderse. Él dijo: "Fritz, debes tener mucho cuidado. No te arriesgues innecesariamente. Verifique dos veces antes de hacer sus movimientos y llegaremos a Visegrád de manera segura. ¿Entendido?"

"Sí, sr.primer teniente".

Noack continuó: "Saldremos más temprano cada día y nos detendremos más tarde. Cuanto más espacio entre nosotros y algunos partisanos enojados, mejor. Además, cuando nos acerquemos a ese arroyo donde tomamos el bote del agricultor, diríjanos al puente peatonal a través de la zona boscosa, preferiblemente antes de que salga el sol. Si agarramos otro barco que regresa, alguien se dará cuenta de que somos las mismas personas. Si han oído hablar del puente, pueden notificar a Šabac o

Belgrado por teléfono. No necesitamos eso".

Preguntó: "Después de pasar por el sitio de construcción abandonado, ¿qué tan rápido podemos llegar a ese arroyo?"

"Señor, ¿a qué hora nos mudamos?"

Noack pensó y respondió: "Nos mudaremos en 1530. Eso debería llevarnos al puente peatonal a las 030 0más o menos, después de un breve descanso, moviéndonos de nuevo"

Fritz pensó durante un minuto mientras Noack escaneaba el perímetro después de escuchar un leve ruido. Nada importante. Regresó a Fritz y le dijo: "¿Qué piensas, mi buen Jager?"

Fritz sonrió y dijo: "Gracias, señor, por el cumplido. Estoy seguro de que puedo tenernos en el puente peatonal a las 0230 más o menos".

"Eso es excelente".

El grupo se mudó a tiempo. Fritz había salido diez minutos antes, Ernst cinco minutos después y, como de costumbre, luego Noack y Hans con Rudy unos dos minutos por detrás como retaguardia. Movieron un solo archivo en las huellas nevadas que ahora se están volviendo un poco granizadas. Se tomaron un descanso rápido después de que Hans corrió hacia adelante e informó a Ernst. Ernst tomó el deber de guardia, disfrutando lentamente de su masticación. La nieve casi se había detenido, por lo que eligió una parada de saliva y la cubrió antes de que fuera hora de mudarse.

La temperatura comenzaba a bajar un poco, pero todavía estaba por encima del punto de congelación. Ernst se movió primero, Noack y Hans otros diez minutos más tarde,yRudy lo siguió después de otros cinco minutos. A las 1800 horas la nieve se detuvo, pero todavía estaba nublada y sombría. Caminaron en dirección al Drina, zigzagueando y zigzagueando detrás de Fritz y Ernst. Unapelea dos horas más tarde, Noack envió a Hans hacia adelante para decirle a Ernst que le dijera a Fritz que se detuviera en un lugar durante veinte minutos y luego regresaría a ellos. En cinco minutos, Rudy apareció y encontró a Noack y Hans sentados en un muñón a unos cinco pies del sendero. Noack le dijo a holamque descansara, que vigilaría el perímetro. Como Fritz se mudaría en unos veinte minutos, podrían descansar durante unos treinta minutos.

Después de diez minutos, Hans regresó y se unió a ellos.

Con una visibilidad solo ligeramente limitada por la noche, Noack podía seguir las huellas fácilmente. Noack le dijo a Rudy que lo siguiera unos dos minutos por detrás. Él y Hans se fueron a tiempo. Siguieron en el granizado hasta las 0130 horas. Ernst apareció a la vista unos metros frente a Noack y les dijo que unos diez minutos antes Fritz puso una extremidad en el camino y que debían girar a la izquierda en un nuevo sendero que se acerca al puente peatonal. Ernst le dijo a Noack que esperaría en el limb y se fue.

Noack y Hans estaban de vuelta en la marcha en 0135 con Rudy justo con ellos hasta que encontraron a Ernst y el tronco. Alrededor de las 0150 hicieron el giro con Ernst corriendo hacia adelante pero lentamente y Rudy arrojando el pequeño tronco a la maleza. Noack le dijo a Rudy que se quedara a un minuto. A las 0225 Noack vio a Ernst entrar a la vista, dirigiéndolos a girar a la derecha. Ernst siguió a Rudy por otro camino. En un minuto vieron a Fritz saludándolos desde unos diez pies más adelante. Había un pequeño claro cerca del pequeño rastro de animales.

Rudy se quedó de pie como guardia. Fritz le dijo a Noack y a los demás que estaban a punto de salir del bosque muy cerca del puente peatonal. Estarían cruzándolo unas 0300 horas de un solo archivo y caminando frente a las casas hasta el granero y el camino de la granja. "Estaremos al menos a setenta y cinco yardas de las casas, así que en nuestro blanco si alguien estuviera mirando por sus ventanas a las 0300 pensaría que estaba viendo a cinco fantasmas caminar en un solo archivo". Los tres hombres sentados sonrieron y Hans habló en voz baja: "O cinco locos con sábanas". Incluso Noack se rió entre dientes.

A las 0255 salieron tranquilamente del bosque y cruzaron el puente peatonal como una columna de patos, giraron frente a las casas y caminaron tranquilamente hacia el camino de la granja y se dirigieron al noroestehacia el Drina.

Después deeste largoarco m, Noack le había dicho a Fritz que encontrara un lugar seguro para acampar a las 0600. A las 0530 Ernst regresó e informó que girarían a la izquierda por delante.

Esperaría en el nuevo sendero. Noack asintió y Ernst volvió a salir. A unos ocho minutos llegaron a un Ernst sentado. Todos estaban agotados, pero Ernst apareció y saludó a Noack cuando se acercaron. El Comandante devolvió el saludo y le guiñó un guiño a Ernst. A unos cien metros del sendero de animales había un pequeño claro rodeado por un denso soporte de árboles. Se prepararon para el día. Todas las rutinas habituales estaban en efecto. Noack se lo entregó a Ernst y se fue a dormir en su cama de poncho/ saco de dormir, durmiendo como los muertos. Se sorprendió cuando Hans se tocó el hombro a las 1300 horas, diciendo: "Es hora, señor".

Noack lo miró mientras intentaba despertarse y dijo: "¿Es hora de qué?"

"Sus pies, señor, y luego algo de comida y leche".

Hans le entregó un trapo limpio y húmedo para limpiarse la cara y las manos y luego comenzó con el pie izquierdo de Noack. Después de un poco de yodo y un pequeño vendaje y calcetines frescos, fueron a por las raciones que Rudy había sacado. Noack, comiendo despacio, se inclinó y le dijo a Hans cuando terminara que Fritz le informara mientras Ernst terminaba el resto de los detalles de romper el campamento. Hans asintió y dijo: "Sí, señor".

En tres minutos, Hans se dirigía a buscar a Fritz, que estaba mirando uno de sus mapas. Fritz llegó y se sentó cuando Noack le indicó que se sentara cerca, Fritz dijo:"¿Me quería, señor?"

"Sí, Fritz", respondió el Comandante, diciéndole que yendo al norte y luego al este cerca del Drina no quería acercarse demasiado a Loznica, ya que podría ser un lugar perfecto para una emboscada. "¿Conoces el área lo suficientemente bien como para hacer un amplio muelle alrededor de Loznica más lejos del Drina?"

"Sí, señor".

"¿Podemos entonces ir bien al sur de esa ciudad y luego regresar más cerca del Drina cerca de Visegrád?"

Fritz respondió: "Conozco bien el área, señor. Podemos hacerlo, pero será otra larga marcha".

"Bien", respondió Noack. "Dile a Ernst que rompa el campamento rápidamente. Te quedas más cerca unos diez minutos".

"Sí, sr.primer teniente".

Se levantó, saludó y se dirigió a Ernst. Noack volvió a su equipo y estaba mirando la ruta peligrosa nuevamente mientras estimaba la hora de llegada a la pistola de bengalas enterrada.

Fritz se mudó a las 1500 horas, Ernst a las 1505, Noack y Hans a las 1510 y Rudy a 1515. El Drina estaba a su derecha en dirección suroeste, pero Fritz los mantuvo a tres o más millas de distancia de la ciudad en dirección a Visegrád,que estaba debajo deLoznica en el lado opuestodel Drina. La pequeña columna zigzagueó y se acercó hacia el suroeste, cambiando a pequeños senderos de animales a medida que avanzaban. A medida que se movían constantemente durante un día nublado y gris pero con una temperatura agradable, estaban haciendo un buen tiempo. La única incomodidad eran las botas con agujeros, y la nieve fría mezclada con barro era irritante por decir lo menos. A las 1900 horas entraron en Ernst, quien informó a Noack que estaban a unas cuatro millas al este de Loznica y que ahorase volverían hacia Visegrád y la pistola de bengalas enterrada. Ernst saludó y se fue a hablar brevemente con

Fritz y luego esperar al resto del equipo. Noack y Hans se fueron unos cinco minutos después de que Ernst y Rudy regresaron por un minuto.

A medida que el equipo de demostración se acercaba a su lugar de recogida, Otto de regreso a su campamento se preparaba para mudarse a Visegrád la noche siguiente. Habían estado preparados durante cuatro noches para la recogida, pero no con bengalas. Él y los demás se preguntaron qué había pasado con su Kameraden. A excepción de su único guardia perimetral, Willie, el resto se había ido a dormir unas 2400 horas. No habían visto un alma, solo unos pocos animales siguiendo su rastro desde que Noack y el equipo de demostración se fueron a Šabac.

A las 0350 Ernst los estaba esperando y, cuando vio al Comandante, dijo: "Señor, estamos aquí; solo sígueme". Cuando Hans estalló en una gran sonrisa, Noack dijo: "Gracias, Ernst".

Siguieron a Ernst hasta donde Fritz estaba desenterrando el contenedor que almacenaba la pistola de bengalas. Noack habló: "Fritz, te has ganado el honor. Enciende la bengala". Fritz, sonriendo de oreja a oreja, disparó la bengala en lo alto de la dirección donde estaba el campamento. El guardia de turno era elPFC Max Berger, elhombre de reconocimiento de respaldo. Vio la bengala en la distancia y sacudió a Otto, señalando la bengala, diciendo: "Están aquí".

Otto se levantó de inmediato y la balsa estaba lista, todavía apuntando al Drina. Los cuatro se levantaron rápidamente y corrieron con la balsa y los mos hacia el Drina. Pusieron la balsa en el mismo lugar que Fritz había marcado con una roca. Otto tomó la balsa por sí mismo remando hacia la corriente, luego dirigiéndose a un lugar apartado río arriba en el lado enemigo. Cuando todos habían subido a bordo, Otto y Rudy remaron hasta la orilla de Visegrád. Noack les dijo que volvieran a colocar los mos y los empujaran hacia la corriente. Cuanto más lejos flotara hacia Loznica, mejor.

Después de unos dos o tres minutos intercambiando abrazos y apretones de manos, Noack le dijo a Ernst que fuera a Visegrád y despertara al alcalde, que era leal a ellos. Noack le dijo a Ernst:

"Pregúntele si puede conseguir que el pequeño hotel cerca de su casa nos consiga cinco habitaciones con dos camas y al menos dos o tres baños durante dos o tres días. También necesitamos un gran desayuno y almuerzo y una cena privada tardía con cerveza, vino y Kognak. También necesitamos una lavandería o una persona que puedausar toda nuestra ropa. Además, Ernst, pídale al alcalde que verifique el registro de invitados y haga que el gerente le diga a los huéspedes que ahora no estánbien ono confían en mudarse a otro lugar, ya que todas las habitaciones se alquilan para una reunión familiar después de las diez a.m. Dígale que tengo su moneda y pagaré en efectivo por habitaciones, comidas y otros servicios. Si no te vemos de vuelta aquí a las 0800 diciendo que no se puede hacer, estaremos en las afueras de la ciudad a las 1030. Ernst se puso de pie, sonriendo, saludó y dijo en voz alta:"Ja'wohl, Herr Oberleutnant". Ernst se fue, cansado pero con doble tiempo a Visegrád.

Mientras esperaban pero esperaban que Ernst no regresara con malas noticias, los siete hombres escucharon a su Comandante mientras revelaba la historia de portada de Visegrád. Dijo: "Si alguien se acerca a nosotros en el camino o mientras estamos en Visegrád,acabamos de terminar un ejercicio de reconocimiento. El oficial de información de su división instruyó a su oficial al mando para que se detuviera después del ejercicio. Debo agradecer al alcalde, a los médicos, enfermeras y ciudadanos de Visegrád por toda su ayuda cuando nuestra división llegó antes, durante y después de Navidad. Siempre estaremos en deuda con el pueblo de Visegrád. ¿Alguna pregunta?" Todos asintieron en silencio en negativo.

Noack luego continuó: "Con nuestras barbas, si nos preguntan, estuvimos fuera unos once días, no el tiempo suficiente para haber hecho lo que les interesará, pero el tiempo suficiente para mirar como lo hacemos". Luego les dijo que el sudoficial mayor había sidoinformado antes de ser enviado a la ciudad y dijo: "Todos estamos en la misma página".

Noack entonces a las 0820 ordenó: "Rudy, toma una columna de dos en Visegrád. Mantenga su pistola ametralladora lista para disparar pero debajo de su camuflaje blanco. Todos los demás tendrán su arma bloqueada y cargada y colgada sobre su hombro.

Otto, estarás en la parte trasera conmigo, cubriendo nuestras vistas de la espalda y el perímetro. Ernst nos estará esperando en las afueras para informarme".

Se movieron hacia un posible desayuno caliente con buen ánimo y sonrisas. Vieron a Ernst fumando un cigarro sentado en un banco con un civil. Noack reconoció al alcalde y siguió adelante, dándose la vuelta y ordenando a Rudy que los hombres tomaran un breve descanso, la mitad a cada lado de la carretera con Otto a un lado y él al otro.

Noack se acercó al alcalde y le estrechó la mano, agradeciéndole por su visita anterior en Navidad y por cualquier ayuda que pudiera proporcionar ahora. El alcalde hablaba alemán con fluidez y fue muy cordial. Le dijo a Oberleutnant Noack que los únicos dos huéspedes en el pequeño hotel, dos comerciantes de todo el Drina que eran habituales, estaban saliendo después de su desayuno de todos modos. Se dirigen al Ayuntamiento para verme. Dijo: "Le dije a mi personal que se sintiera cómodo con el café y estaría allí a las 10:50 a.m".

Luego, el alcalde dijo: "En este momento, Herr Oberleutnant, el personal del hotel está colocando un letrero de 'Cerrado para la reunión familiar' como de costumbre para este tipo de eventos. Noack sonrió y le dijo que estaba muy agradecido. El alcalde le dijo que tenía cuatro dobles listos y un sencillo para él. Una vez dentro, todas las puertas se cerrarían con un soporte adicional detrás de cada puerta. Había dos bañeras, una en cada extremo del segundo piso. El personal del hotel lavará y planchará toda la ropa. Entonces el alcalde le dijo a Noack: "Ernst dijo que dejaste un trineo en elbosque. Enviaré a mi sobrino con un caballo y nuestro gran camión civil para ir a traerlo de vuelta y ponerlo en nuestro sótano. Cuando sus hombres hayan terminado su desayuno, pueden turnarse para bañarse en una bañera de hidromasaje. Usted, señor, puede usar mi bañera en mi pequeña habitación que guardo allí para visitar dignatarios. Antes de que duermas un poco, obtendré tu lista de compras para todos y personalmente iré a buscarla después de que termine con los dos comerciantes". Noack, radiante, dijo: "Es como estar en casa. Gracias de nuevo, señor".

Noack saludó a Rudy para que trajera a los hombres, y los nueve cansados Kameraden caminaron con el alcalde por las pintorescas calles, luego por la puerta trasera hacia el hotel, oliendo la comida desde unos veinte pies de distancia.

Noack se excusó después de agradecer al personal del hotel y al alcalde porsu cooperación. Sabiendo que Ernst había comido antes de ese cigarro, Noack le dijo que vigilara ambas ventanas en guardia mientras él y los demás comían, y que podía volver a comer tan pronto como el primer hombre terminara. Ernst sonrió y dijo: "Mi placer, señor".

Se habló muy poco durante un desayuno maravilloso. La comida fue servida por la sobrina del alcalde, Helga, que había trabajado allí durante unos dos años. Suhermano, Heinrich, era el manitas, pero estaba ocupado llevando el camión a algún lugar para su tío. La familia de Helga era de Stuttgart, habiendoestado allí en 1935. Era dulce y atractiva. Todos sabían sin que Noack dijera una palabra que estaba fuera de los límites. Estas buenas personas los habían ayudado antes y sabían qué comportamiento se esperaba de ellos. Hans terminó su comida primero y relevó a Ernst, quien se sentó junto al Comandante.

Helga sacó su comida. Le dio las gracias y disfrutó de su desayuno. El único brötchen y café que tenía antes de su cigarro no había llenado su estómago vacío. Después de que el resto del escuadrón de Noack terminó, Helga sacó lápices y papel para que cada hombre enumerara la pasta de dientes, los artículos de afeitado y otros artículos de cuidado personal que necesitaban. Noack también les dijo que bajan sus tamaños de bota. Como la guarnición ya no estaba tripulada, no sabían por qué quería sus tamaños, pero cumplieron.

Noack recogió los trozos de papel y agregó su resbalón. Él dijo: "A excepción de Stabsfeldwebel Steiner y Willie, el resto de ustedes van a disfrutar de un baño. Después de eso, quédese en su habitación hasta que nuestra ropa llegue del trineo. Fritz y Max tendrán una habitación, Ernst y Rudy tendrán una habitación, Otto y Hans compartirán una, y Karl y Willie tendrán la que está al lado de Otto. ¿Preguntas?"

"Ninguno, señor", respondió Ernst.

Mientras Noack y Ernst regresaban al comedor, bebiendo café y disfrutando de su refugioseguro, Willie caminó por su agradable puesto de guardia observando desde ambas ventanas. En realidad, podía sentarse en las escaleras y observar a través de ambas ventanas que cubrían la entrada a las dos únicas puertas cerradas y arriostradas.

Helga regresó para preparar los platos del almuerzo, vasos, cubiertos y servilletas de lino. Trabajó alrededor de Noack y Ernst preguntando con una sonrisa agradable si les gustaría algo más. Noack, mirando a Ernst, preguntó: "Helga, ¿sería posible conseguir dos cafés con un trago de Kognak en cada uno?" Ernst sonrió y asintió afirmativamente, y Helga respondió: "Naturalmente, señor".

Mientras ella iba a preparar su solicitud, Willie se puso de pie y les habló a ambos en voz alta: "El alcalde viene solo a la puerta trasera". Noack ordenó: "Ábrelo y dale la bienvenida, luego enciérralo y prepáralo. Conoce el camino al comedor. Solo dile dónde estamos".

Willie respondió: "Sí, señor".

El alcalde había enviado a su secretaria antes y recogió la listas. Ahora se unió a ellos con un gran saco de suministros. Luego se asomó a la cocina y le dijo a su sobrina que tendría lo mismo que Noack y Ernst estaban teniendo "pero ni una palabra para tu tía". Helga sonrió y respondió: "Está bien, tío".

El alcalde se reunió con Noack y Ernst. Charlaban mientras esperaban sus bebidas. Noack y Ernst aseguraron al alcalde cuánto apreciaban tanto su ayuda como la del gerente y su personal. Durante su conversación, podían escuchar a hombres jóvenes haciendo payasadas en el piso de arriba mientras cada uno tomaba su turno para bañarse y limpiar la bañera para el próximo uso. Noack opinó con una sonrisa mientras Helga preparaba el café bien atado, "Son básicamente niños". El alcalde se rió, asintió con la cabeza y dijo: "Sí, ¿no estábamos todos?" Noack miró a Ernst y le preguntó: "¿Cuándo naciste en Bad Vilbel?"

"Señor, no nací allí. Nací en 1917 en Dresde. Mis padres se mudaron allí cuando yo tenía doce años y mi hermana tenía siete".

Noack rápidamente calculó su edad como veintiocho y se rió entre risas: "Ernst, eres un anciano en comparación con la mayoría de ellos".

"Sí, señor, eso es un hecho. Siento que tengo cuarenta años".

El alcalde intervino, señalando a Helga: "Ambos esperen hasta que sientan que tienen ochenta años, y yo acabo de cumplir sesenta años".

Todos se rieron. Helga entregó una segunda ronda de bebidas y declaró que estaría en la cocina trabajando,y agregó: "Si es necesario, simplemente toque la campanita sobre la mesa".

Antes de tener su segundo Kognak,Ernst le explicó al Comandante que con siete subordinados aquí no había necesidad de que el Suba sudoficial superior realizara guardia. Noack estuvo absolutamente de acuerdo. Más tarde, después de su tercer café, le explicó a su Oberleutnant que estaba listo para su baño y una buena siesta antes del almuerzo. Noack entendió que él también quería entrar en una bañera de hidromasaje pronto.

Después de que Ernst había subido las escaleras y Hans había relevado a Willie en guard, Noack y el alcalde hablaron de negocios. Él y el alcalde primero se ocuparon de las botas. El alcalde Klaus Brandt dijo que no podía conseguir botas militares ya que la guarnición estaba vacía, pero que podía conseguir botas de caza negras. Noack le dijo que los consiguiera, nueve pares con calcetines gruesos. En cuanto al gerente del hotel, preguntó: "Si pudieras pagar los gastos, sin ganancias, estaría bien".

Noack sonrió y respondió: "Por favor, dígale al gerente que es una oferta muy generosa, pero están siendo tan buenos con nosotros que prefiero pagar al minorista en todo. Una vez que nos reportemos, no habrá forma de gastar este tipo de currency, y me dijeron que era prescindible; si necesitábamos cosas en este ejercicio, úsalo".

"Bueno, eso es maravilloso", dijo el alcalde, "ya que este pequeño hotel está teniendo dificultades financieras como la mayoría de las empresas aquí". El alcalde Klaus luego le dijo a Noack: "Señor, lo considero un dignatario, así que permítame mostrarle la mejor habitación del hotel reservada para los huéspedes de nuestra ciudad". Noack parecía sorprendido, pero sonrió y asintió.

Después de mostrarle al Oberleutnant una habitación muy lujosa con un enorme baño privado adornado, Klaus se fue, dejando a un Feliz Pero sin palabras Noack parado en la puerta. Klaus se detuvo, miró hacia atrás y dijo: "Me entregarán botas en mi oficina, Auf Wiedersehen. "

El baño de Noack también incluía una ducha, y pensó: "Esta debe ser la forma en que viven los generales".

Después de un buen baño y una siesta, cada soldado, envuelto en una gran toalla blanca, encontró su juego de ropa civil y zapatos que Ernst y Rudy habían recogido en los cumplidos de suministro de la división de la Abwehr,que los habían llevado desde Berlín.

Otto estaba parado en su toalla cerca de la puerta de Noack. Habló: "Señor, será extraño un guardia andante vestido como un partisano yugoslavo".

Noack respondió: "Unteroffizier Schroeder, será más extraño para mí comandar un grupo partisano". Ambos se rieron y llevaron su ropa a sus habitaciones y se vistieron para un almuerzo tardío.

Bajando las escaleras para un gran almuerzo alemán, el Comandante vio a Karl en servicio de guardia vestido con su ropa civil y dijo de paso: "Te ves bien, Karl. Mantén tus ojos en los accesos a las puertas", mientras le daba unas palmaditas en los hombros. Karl respondió: "Sí, señor".

Después de su gran almuerzo caliente de filetes de ciervo, papas fritas, dos verduras y sopa y ensalada o ambos, bebieron té caliente o más café. Entonces Helga sacó una pequeña copa de Jägermeister para cada uno. Esto fue para calmar sus estómagos después de un gran almuerzo. Más tarde esa noche tendrían una cena ligera, sopa y pequeños sándwiches y algo dulce si les gustaba.

Después del almuerzo, Ernst llamó la atención de la tropa y les dijo que se sentaran, Oberleutnant iba a criticar su desempeño en el ejercicio. Noack estaba haciendo esto para protegerlos a ellos y a los civiles en caso de ser interrogados por cualquiera de las partes más tarde. Continuó durante una hora lo suficientemente fuerte como para que el personal de cocina escuchara tanto o tan poco como quisieran. Repasó el rendimiento de cada hombre y el rendimiento del grupo, diciéndoles que en general era superior, pero que había margen de mejora. Estaba recomendando a cada uno para una promoción de un grado cuando se reportó a la División de Operaciones en unos pocos días. Para terminar, el Oberleutnant miró directamente a los ojos de Hans y dijo: "Nuestro médico me ha informado que muchos de nosotros necesitamos más atención a nuestros pies que está más allá de sus suministros y entrenamiento. Por lo tanto, nos quedaremos un tercer día. El alcalde Brandt traerá a un médico y una enfermera aquí la mañana de nuestro tercer día después del desayuno. Nos examinarán y tratarán. Después, el alcalde nos presentará a cada uno de nosotros con nuevas botas negras y dospares de calcetines calientes. Sé que no serán botas Heer, pero en esta etapa de la guerra, no creo que a nadie le importe lo que estamos desgastando en el bosque".

Los hombres parecían sorprendidos pero felices y agradecidos aplaudieron.

"Ahora todos vamos a ir a nuestras habitaciones donde encontrará papelería y sobres esperando cartas a casa".

Ernst luego despidió al grupo cuando Karl fue relevado del servicio de guardia.

Noack habló primero en vozbaja: "Ernst, después de que regresemos a Sarajevo y a nuestro Divisi,tendré que informar al Mayor de Brigada que nos dio esta misión y probablemente ir con él a operaciones de la División en caso de que su Superior tenga preguntas. Entonces el Mayor interrogará a cada uno de ustedes".

"Sí, señor, conozco la rutina".

"No me servirá de nada si tú y los hombres hablan bien de mí al Mayor. ¿Entiendes?"

Ernst pensó por un segundo y dijo: "Sí, señor, creo que sí. El Mayor me conoce bien y me ha felicitado por mi memoria varias veces. Como recuerdo la señoritaion, señor, usted era el oficial más estricto bajo el que he servido. Transmitiste toda la información y órdenes para los hombres a través de mí. Usted no habló, ni siquiera en lugares cerrados en nuestros campamentos, con nadie más que para reprenderlos a ellos y a mí varias veces. Siempre me dijiste que nuestros siete hombres tienenmargendemejora. Puedo asegurarle que todo el equipo lo recordará de esa manera, señor".

Noack, pareciendo aliviado, dijo: "Eso suena preciso. Te voy a recomendar para un ascenso a Hauptfeldwebel(Sargento / Mayor)pero no al Cuerpo de Oficiales ya que estás demasiado cerca de los hombres".

Ernst respondió con una gran sonrisa: "Eso realmente duele, Herr Oberleutnant, pero lo aceptaré con gratitud".

Se dieron la mano y tomaron un Kognak juntos antes de ir a sus habitaciones a tomar una siesta.

Después de su cena ligera, los hombres fueron al área del vestíbulo donde el gerente había instalado varios juegos de mesa y dos barajas de cartas. Tres suboficiales mayores jugaban a las cartas y los cinco más jóvenes jugaban juegos de mesa cuando no estaban en guardia o tocaban música con los registros del gerente. Noack utilizó al oficial del gerente para escribir un informe sobre el éxito de la misión y cómo se gastó el dinero del fondo fungible. También escribió la lista de promoción y honró el deseo de Ernst y Rudy de no ser oficiales al pedir una promoción de un grado para cada hombre. El éxito de su misión seguramente salvaría las vidas de muchos soldados heer y Waffen SS Disposition. Ambos se habían ganado en su opinión como su Comandante al menos un ascenso de un grado o superior si el Cuartel General así lo deseaba. Después de escribir una carta a Johanna y sus hijos, Noack se entregó por la noche después de sumergirse en su baño privado.

A la mañana siguiente, mientras terminaban un buen desayuno de huevos con trozos de tocino, brötchen con mantequilla batida casera y mermelada de fresa y, por supuesto, varias tazas de café cada uno, el alcalde Brandt entró por la puerta trasera y se sentó junto a Noack. El alcalde le pidió café a su sobrina y se volvió hacia el Comandante mientras los hombres regresaban al fonógrafo y a los registros y juegos del gerente. El alcalde, ahora con el Oberleutnant, dijo: "Kurt, tuve algunas llamadas telefónicas interesantes anoche. Todos querían saber quiénes eran estos yugoslavos caminando en el hotel cerrado. Naturalmente, como político tenía que proteger a mi pueblo, así que les mentí con gracia. Les dije que todos ustedes eran una familia muy rica del otro lado del Drina que quería privacidad absoluta para una reunión para discutir asuntos financieros sin ser grabados o reportados al Partido Comunista. Ellos entendieron".

Noack se rió, "Eso es genial, Klaus. Muchas gracias". Continuó: "Antes de forget, si alguien de cualquiera de los dos lados alguna vez me pregunta qué pagué por habitaciones, comidas, bebidas, servicios médicos y botas, dígales que pagué trescientos dólares en su moneda,lo cual no fuesuficiente, pero era todo lo que me quedaba. Luego trate de recoger la diferencia si puede. De esta manera, estoy mintiendo como un político para ayudar a mis hombres y mis registros se equilibrarán y usted y el gerente pueden obtener una mayor ganancia posiblemente."

Klaus respondió: "Kurt, tienes un trato", y se dieron la mano. Kurt también le dijo al buen alcalde: "Voy a dejar nuestro trineo en su bodega cuando nos vayamos a la cuarta mañana. Es mejor que lo arrojes a la antigua guarnición de la Wehrmacht o lo destruyas para que los partisanos no lo encuentren en tu sótano".

"Buena idea. Lo haré tan pronto como te vayas".

Klaus luego preguntó: "Kurt, ¿cómo te sentirías si mañana

por la noche nueve señoritas de confianza entraran por la puerta trasera por la noche? No han visto a nadie de su edad en aproximadamente un año, desde que esos malditos chetniks mataron a tantos de nuestros jóvenes y a sus soldados cuando destruyeronel puente del ferrocarril. Vendré con ellos en un camión, y nadie los verá entrar por la parte de atrás. ¿Qué piensas?"

Kurt sonrió y dijo: "Sé lo que dirán los niños, pero, Klaus, soy tan viejo en comparación con ellos y tan agotado por nuestro pequeño ejercicio, sin mencionar que estoy casado y tengo hijos. Lo aprobaré, pero solo seré un acompañante pasivo contigo. Disfrutaré viéndolos y hablando con ellos mientras su cita está en guardia. Tú y yo podemos disfrutar de ese buen Kognak y una compañera en nuestra mesa mientras los niños bailan y disfrutan el uno del otro. Puede ser la última oportunidad para algunos de ellos, ya que siento que el próximo mes será un combate más amargo contra fuerzas abrumadoras y está cerca del final, pero no dije eso".

"Y no escuché eso, Kurt".

"Gracias a Dios por eso".

Klaus continuó y le dijo al Oberleutnant que Helga se llevaría los uniformes de campo a casa con ella y que ella y su madre los repararían. Los traía por la tarde y sostenía las botas y los calcetines hasta entonces: "De esta manerapuedes usar la ropa civil hasta el desayuno del cuarto día, pero tienes todo lo que necesitas para lucirdecente en uniforme cuando te vayas".

Kurt respondió: "Suena bien. Les contaré a los hombres sobre el baile después de que la gente médica nos revise un día antes. Sé que estarán muy felices y aún más agradecidos si tú y yo podemos recordar nuestros veinte años".

Klaus se rió y murmuró: "Oh, lo recuerdo, pero no puedo hacer una maldita cosa al respecto".

Noack sonrió ampliamente y respondió: "Entonces entiendes lo cansado que estoy después de estos días en el campo tratando de mantenerme al día con estos niños. Tal vez el doctor pueda darme una oportunidad para darme la energía para marchar de regreso a Sarajevo".

"Kurt, lo entiendo. Estoy hablando con el médico esta noche, así que le pediré que traiga algo para darle un impulso".

"Gracias, y si ambos sobrevivimos a esta guerra, te escribiré después de llegar a casa con nuestra dirección, ya que estoy seguro de que cambiará pronto si no lo ha hecho ya".

Klaus le agradeció y dijo que él y su familia esperarán mejores días por delante y una visita siempre que sea seguro viajar. Klaus se levantó y le dijo a Kurt que tenía varias reuniones y mucho que organizar, pero que trataría de pasar a tomar una copa después de la cena. Mientras Klaus hizo que el guardia desbloqueara y desabranó la puerta trasera, Kurt se despidió.

Noack luego regresó a su habitación y se empapó en una bañera caliente nuevamente. Tomó una siesta antes de bajar para la comida principal, un gran almuerzo caliente. Cuando llegó al almuerzo, se alegró de ver que los ocho hombres estaban afeitados y se habían recortado el cabello bastante bien. Todos parecían presentables. Todos disfrutaron alegremente de la comida que Helga sirvió. Tenían schnitzel y papas fritas con dos verduras, ensalada o sopa o ambas, café, té o cerveza. Comían y hablaban como civiles sincoche, excepto para satisfacer su sed de noticias sobre su Patria, especialmente sus ciudades natales. Le pidieron a Heinrich y Helga que les dijeran cualquier cosa que hubieran leído o escuchado sobre lo que estaba sucediendo en Alemania. No fue mucho, pero cada poco les ayudó a sentirse más cerca de casa. La sobrina y el sobrino del alcalde eran buenas personas de su edad. Realmente disfrutaron de la comunidad civil.

Después del almuerzo y el Jägermeister, todos entraron en el vestíbulo excepto el guardia, que necesitaba ser relevado para comer su almuerzo, y ese era Rudy. Al ver esto, Noack se quedó en la mesa y tuvo un segundo Jägermeister mientras Rudy era servido y comido. Esto le dio a Noack la oportunidad de decirle a Rudy, su tercero al mando y el segundo hombre de demostración,que estaba orgulloso de él y confirmarle que ya había escrito su solicitud para ascenderlo a Maestro / Sargento (Stabsfeldwebel) a su regreso a Sarajevo.

Rudy sonrió y dijo: "Mi familia y yo le agradecemos, señor".

"No se necesitan gracias. Ustedes, los hombres, se lo ganaron de la manera difícil", respondió el Oberleutnant.

Rudy terminó y se excusó. Noack vio a Ernst mirando hacia adentro y lo saludó con la salud. Le dijo a Ernst quemañana ante el personal médicome acompaña: "Tú y Rudy llevan todos los paquetes al trineo y los llenan con toda la munición y las raciones que tendrán. Obtenga un bolso grande del gerente y coloque todas las granadas y la pistola de bengalas en él. Coloque los paquetes y el bolso en el armario de su habitación. Mantenga su habitación cerrada con llave y haga que el gerente le dé una cerradura y herramientas para unir las piezas a la puerta del armario. Te quedes con una llave y me das la otra clave cuando terminas. ¿Preguntas?"

"No, señor".

Noack luego le dio unas palmaditas en el estómago y dijo: "Toma el mando. Voy a tomar la siesta". Ernst se rió y dijo: "Como desee, señor".

Ernst, sin ganas de volver a jugar a las cartas tan temprano, fue a buscar al gerente y solicitó herramientas, una cerradura con dos llaves y cualquier otra cosa que se necesitara para llevar a cabo la orden de su Comandante. El gerente lo llevó a la bodega donde estaba el trineo y encontró lo que necesitaba. Ernst le dio las gracias y se dirigió a la habitación que compartía con Rudy.

En el pasillo se encontró con el unteroffizier Otto Schroeder, quien dijo que necesitaba hablar con él. Ernst saludó con la salud para que entrara y se sentaron, Ernst en el borde de la cama y Otto en el sillón. "¿Qué pasa?", preguntó Ernst, "te ves tenso".

"Bueno, para decirlo sin rodeos, Stabsfeldwebel, los hombres y yo necesitamos encontrar algunas chicas. ¿Puedes preguntarle al Oberleutnant si podemos obtener pases para salir del hotel?"

Ernst apareció frente a Otto, diciendo: "¿Estás loco? ¡No voy a pedirle a un hombre que ya ha puesto su futuro en juego que nos descanse este descanso, con comida y bebida maravillosas y botas nuevas cuando muchos de nuestros Kameraden están descalzos y hambrientos! Dígales a los demás que disfruten de estas comodidades y muestren su respeto al Oberleutnant y al Alcalde. Ambos son nuestros amigos".

Otto respondió: "Eso es lo que pensé que dirías, pero tuve que preguntar. Puede que tengas cerca de treinta años, pero nuestros cuatro hijos tienen dieciocho y diecinueve años. Ni siquiera puedo recordar tan atrás con toda la mierda por la que hemos pasado. No hay sentimientos duros, espero".

Ernst respondió: "Ninguno. Dígales suavemente, Otto". Él sonrió y se fue.

Después de la cena, todos los hombres se dirigieron al vestíbulo para jugar y escuchar música. Noack se detuvo con el Alcalde e hizo el anuncio, diciendo: "Hombres, el Alcalde ha organizado una gran sorpresa para nosotros mañana por la noche, pero primero permítanme anunciar algunas cosas. Helga y su madre están cosiendo y parcheando nuestros uniformes de campo esta noche y el alcalde los traerá con nuestras nuevas botas de caza negras después de que nos revisen un médico y enfermeras locales. Estoy seguro de que recuerdas que ayudaron a nuestra división cuando llegamos aquí en Navidad. Volveremos a cambiar de uniforme antes del desayuno en nuestra cuarta mañana. Además, mañana Ernst y Rudy conseguirán sus mochilas para cargarlas con munición y raciones del trineo. Ahora, se lo entregaré al alcalde

Klaus. Señor alcalde, tiene la palabra".

El alcalde comenzó con: "Gracias, Oberleutnant. Hombres, los ciudadanos de Visegrád y yo estamos profundamente en deuda con ustedes y sus oficiales por las innumerables dificultades y peligros que han enfrentado para su Patria y nuestra ciudad. Espero que no te importe, pero mañana por la noche traigo a más de ocho señoritas, todas mayores de dieciocho años y ansiosas por conocerte".

Hubo aplausos y vítores mientras Otto miraba directamente a los ojos de Ernst. Ernst se encogió de hombros y parecía tan asombrado como el resto.

El alcalde continuó: "Aquí están las reglas. El Oberleutnant y yo serviremos como acompañantes. Entretendremos sus citas mientras toma su turno en el servicio de guardia. No interferiremos con el comportamiento consensuado, sino que seremos discretos y privados. Sin forzar nada. ¿Es eso justo y entendido?"

Todos respondieron: "Sí, señor. Gracias"

Sus sonrisas iluminaron la habitación. A excepción de los

fuera de los límites de Helga, algunos no habían visto a una niña o mujer en más de un año.

Después de que el alcalde se fue y Noack se retiró a su habitación dejando a Ernst a cargo, bebieron cerveza y cantaron canciones patrióticas alemanas pensando en la hermosa chica Visegrád que conocerían la noche siguiente. Estaban realmente alegres por primera vez desde que todos ellos abandonaron Creta, excepto el soldado Thomsen, que había estado en Belgrado.

La mayoría se retiró a las 0100 horas, pero Ernst y Rudy permanecieron despiertos un rato más asegurándose de que el guardia estuviera lo suficientemente sobrio como para permanecer despierto durante tres horas, momento en el que Otto lo aliviaría. Como de costumbre, Hans demostró ser confiable, por lo que se retiraron unos treinta minutos después.

Heinrich estaba limpiando el vestíbulo yponiendo la mesa del desayuno mientras Hans caminaba de ventana en ventana cada pocos minutos siendo que ahora era el momento perfecto para un ataque, pero también sabía que los partisanos comunistas yugoslavos eran bastante laxos y dejaban de trabajar temprano para "festejar". Heinrich se fue a casa a las 0230 y Hans volvió a ensellerar y arriostra la puerta trasera.

Otto apareció diez minutos antes a las 0250 para tener la oportunidad de ser informado por Hans antes de acostarse. Todo estaba en orden. Otto se hizo cargo y saludó a Helga y al gerente cuando llegaron a 0545. Se aseguró de que ambas puertas estuvieran seguras antes de informar a Willie a las 0600.

Mientras Willie hacía sus rondas cortas mientras bebía rápidamente una taza de buen café caliente que le trajo Helga, Noack bajó las escaleras. Helga había recuperado la copa de Willie cuando vio a Noack dirigiéndose a las escaleras. El Oberleutnant le dijo buenos días a Willie y le preguntó cómo había sido entre las 0300 y las 0600. Willie se paró en la atención e informó: "Todo está en orden, señor. No hay problemas".

"Excelente, Willie. Esperemos que eso continúe".

Por supuesto, Otto ya había informado al Comandante. Solo quería darle a Willie la oportunidad de decirle si algo lo estaba molestando. Los soldados no pueden hablar con su oficial al mando a menudo.

Alrededor de las 0630 Willie y Noack podían escuchar a los demás levantarse, afeitarse y ducharse. A las 0730 cinco estaban abajo tomando asiento en el comedor. El Comandante ya estaba sentado. Saludó a sus hombres y sugirió que solo tomaramos un café hasta que los otros dos bajan. Tendremos una buena comida caliente juntos. Karl y Otto bajaron y se unieron a los demás. A las 0800 comenzaron un desayuno tradicional alemán. Willie se mantuvo en pie con la boca aguada. Con el asentimiento de aprobación de Ernst, Fritz, habiendo terminado su gran desayuno y sabiendo que Willie debía estar hambriento oliendo los buenos aromas de comida alemana y café, se excusó y reemplazó a Willie en guardia. Willie agradeció al cabo y tomó asiento en esa mesa que Ernst señaló. Helga ya había servido café y preparado su primer plato de comida. Willie hizo la señal de la cruz y dijo gracia en silencio. Luego comió su comida lentamente, saboreando cada bocado. Pensó en los muchos desayunos con sus padres y hermanos, y luego se dijo a sí mismo: "estos son mis hermanos ahora". Mientras comiendo, los demás se fueron después de que Ernst le había preguntado:

"¿Permiso para irse, señor?" El Comandante asintió afirmativamente ya que tenía un tenedor de strudel de manzana en la boca. Willie y el Comandante se encontraron solos de nuevo.

Noack le pidió a Willie que le contara sobre el 19 de octubre de 1944, el día en que cayó Belgrado.

Willie dijo: "Señor, no sé si fue el decimonoveno o el vigésimo, pero estaba en eloído guard. Fue un infierno. Estábamos luchando contra los rusos, las tropas de Tito, los partisanos comunistas y, a veces, incluso los malditos búlgaros. Ver a mis amigos caer muertos a mi lado fue horrible e igual de horrible para los chicos que no conocía".

Noack asintió, pensando en sus amigos de la infancia asesinados en la Primera Guerra Mundial y los soldados adolescentes en Alsacia.

Willie dijo que fue uno de los últimos en cruzar el puente en Šabac. Había estado en el grupo que se perdió en una tormenta de viento y nieve cerca del Drina. Noack asintió, recordando bien cuando fueron encontrados y rescatados.

Preguntó: "Willie, sé que no eres un experto y probablemente estés tan ocupado disparando desde la Retaguardia que no pudiste prestar mucha atención a los detalles, pero ¿puedes darme tu opinión honesta de cuántas de nuestras tropas cruzaron el puente?"

"Señor, mi suposición es de unos siete mil. Sé que algunos oficiales estimaron doce mil, pero lay atocó el puente mucho antes que yo. En el camino desde Belgrado había milesde muertos o heridos a los lados de la carretera. Agarré una pistola ametralladora de un oficial caído y maté al menos a seis partisanos que iban a bayonetando a nuestros heridos. Cada vez que veía a un oficial caído tomaba su arma lateral y su munición MP. Estaba disparando tres armas diferentes mientras retrocedíamos hacia el puente".

Noack le dijo a Willie que algunos oficiales habían sobrevivido y estaban en Sarajevo, diciendo que trataría de encontrar uno, aconsejarles de su deber heroico e instarlos a ponerlo para la Cruz de Hierro.

Willie le dio las gracias y dijo: "Señor, solo quiero llegar a casa".

"Yo también, Willie, pero todavía te voy a poner para un ascenso y encontrar a un oficial de Belgrado que le cuente tu historia".

Willie preguntó si podía ser excusado.

"Por supuesto, el soldado Thomsen y, Willie, es un honor servir con usted".

Willie, mirando directamente a los ojos de Noack, respondió: "Gracias, señor", y se fue. Fue a su habitación y trató de dejar de pensar en retirarse de Belgrado. Tomó una siesta, pero su compañero de cuarto tuvo que sacudirlo despierto de una mala pesadilla. Esto era bastante común entre los soldados de ambos lados, excepto por el siete u ocho por ciento de los psicópatas y sociópatas que están en todos los países, todas las profesiones y todas las religiones.

Noack también fue a su habitación y trató de sacar de su mente las vívidas imágenes de la Primera Guerra Mundial, Alsacia y el retiro que Willie describió. Después de parecer como diez minutos, Ernst estaba llamando a su puerta, diciendo que el almuerzo erareal y después del almuerzo los hombres iban a ayudar a Helga y Heinrich a decorar para la fiesta hasta que llegara el equipo médico. Noack le dio las gracias y dijo que estaría deprimido en unos minutos.

Después de una comida principal festiva, todos, excepto el hombre de guardia, ayudaron a Helga y Heinrich a decorar el vestíbulo con los adornos navideños del hotel y papel de colores cortado en estrellas. A unas 1500 horas el personal médico tenía en el comedor. Se disculparon por no llegar por lamañana, pero tuvieron una emergencia esa mañana. Llamaron a cada hombre para que le revisaran los pies y las piernas en busca de problemas. Noack insistió en que comienzan con los rangos más bajos primero. Eso significa que Willie fue el primero, Noack fue el último, Ernst fue el último, y así sucesivamente. Los proveedores médicos dieron a todos un certificado de salud limpio y felicitaron aHans por su atención y le reabastecieron medicamentos para los pies y vendajes para las heridas. Noack y el alcalde les agradecieron y los invitaron a cenar, pero dijeron que se esperaba que regresaran al hospital para una cirugía pendiente. Se despidieron de los hombres cuando se fueron. Los hombres gritaron gracias mientras salían por la parte de atrás. El guardia estaba allí mismo para encerrarse.

Noack hizo que Ernst llamara a todos al comedor, incluido el guardia. Le dijo a Ernst: "Tomaré guardia hasta que el alcalde les dé botas y calcetines nuevos a los ocho". Unos cuarenta y cinco minutos después, todos salieron, sosteniendo sus nuevas botas y calcetines, y se dirigieron a sus habitaciones. Rudy relevó a Noack para que pudiera conseguir sus botas y calcetines.

Todos bajaron y tuvieron una cena ligera con el Alcalde y el Comandante. Comieron rápidamente y regresaron a sus habitaciones para limpiarse para el baile. El alcalde y Kurt se sentaron y bebieron café. Kurt dijo: "Klaus, no sé cómo podemos pagarte a ti y a tus grandes ciudadanos".

Klaus irrumpió y dijo: "Amigo mío, usted y sus hombres y todo su equipo han pagado por adelantado todo con su servicio a nuestros dos países, y somos nosotros los que estamos endeudados. Ahora hagamos una fiesta maravillosa para estos jóvenes".

Noack lo agarró del brazo y asintió afirmativamente. Se mudaron al vestíbulo bien decorado con suaves canciones románticas alemanas que sonando en el fonógrafo. El trabajo de Heinrich era mantener la música en marcha toda la noche con los más de cien discos que poseían el alcalde y el gerente. Las luces de la habitación fueron coloreadas por Helga en muchos tonos diferentes, lo que la hace parecer una verdadera fiesta.

El momento finalmente llegó a las 1930 horas cuando el guardia abrió la puerta trasera y el gerente del hotel y ocho encantadoras señoritas entraron en el vestíbulo donde todos los soldados esperaban. El alcalde presentó a cada joven y Kurt se presentó a sí mismo y a los ocho soldados Heer. Ernst y Rudy, casados, le habían asegurado a Noack que estarían felices de beber y hablar, pero eso fue todo. Noack estuvo de acuerdo y dijo: "Ciertamente, señores, lo entiendo. Solo disfruta de la noche".

Heinrich comenzó a tocar una canción popular alemana, que se usaba internacionalmente para bailar lentamente; comenzaron los juegos.

El alcalde le indicó a Helga que trajera al Oberleutnant y a él una botella de Kognak y comenzara el servicio de cerveza y vino para los hombres y sus invitados.

Mientras Klaus y Kurt bebían y disfrutaban de la compañía de las chicas que estaban con el guardia de guardia durante una hora cada uno, Ernst había cambiado el tiempo de guardia para que cada hombre solo se perdiera una corta duración de la fiesta. Mientras Noack y el alcalde hablaban con las jóvenes, Helga ayudó a Ernst y Rudy a erigir un hermoso póster grande de un lago entre el vestíbulo y las entradas de la cocina. Esto hizo que la entrada a la cocina y las escaleras de los empleados al segundo piso no fueran visibles desde la mesa del Oberleutnant.

Para 2130, las chicas habían elegido su cita para la noche y los acompañantes estaban más relajados bebiendo Kognak y entreteniendo la cita del guardia que los jóvenes que bebían cerveza o vino entre bailes. Para el 2230 las parejas podían quitarse el calzado y guardar silencio subiendo a la privacidad de una habitación de hotel. Para las 0230 seis parejas habían aprovechado esta oportunidad, nunca iban más de dos parejas a la vez por lo que la pista de baile permanecía llena. A medida que la fiesta se acercaba al final, todos estaban ocupados bebiendo y escribiendo las direcciones de las jóvenes. Los soldados no tenían idea de dónde estarían después de Sarajevo, por lo que solo podían dar la dirección de su familia y ni siquiera estaban seguros de eso, ya que el Cuerpo Aéreo del Ejército de los Estados Unidos había dejado a millones de personas sin hogar. Dijeron a sus citas que su Comandante les había predicado que, independientemente del resultado, su deber principal cuando llegaron a casa era ayudar a la Patria a reconstruir. No había tiempo para sentir lástima por sí mismos o permanecer borrachos. Alemania debe reconstruir y preservar los valores que la mayoría de los ciudadanos aprecian, en la religión, la cultura, la música, el arte y, lo que es más importante, la familia. Estaban orgullosos de ser parte de este escuadrón de nueve hombres. Después de un beso de despedida en la puerta trasera cuando sus citas se fueron y luego se subieron a la parte trasera de un camión cerrado. Mientras pasaban por el Alcalde y oberleutnant,lesagradecieron por una noche maravillosa.

Helga y Heinrich estaban limpiando el vestíbulo y poniendo la mesa del comedor para el desayuno. El hotel reabriría a las 1300 horas después de que terminara la "reunión yugoslava" y los soldados se hubieran ido.

Después del desayuno, Klaus y Kurt entraron en el oficial del gerente y liquidaron la cuenta mientras Ernst preparaba al escuadrón para marchar.

Klaus tenía un proyecto de ley detallado en caso de que el joven Mayor quisiera uno. El proyecto de ley con membrete de hotel enumeraba cinco habitaciones para tres noches, tres comidas con bebidas para nueve hombres durante tres días y desayuno para nueve en el cuarto día, sobres y sellos para cartas a casa, y nueve pares de botas de caza con calcetines. La factura total fue igual a us currency de \$ 578.50. Klaus le dijo a Kurt que la factura incluía diez dólares cada uno para Helga y Heinrich. Noack le dio \$ 650.00 en su moneda y le dijo que dividiera el resto entre Helga, Heinrich y el pesebre con su sincero agradecimiento, pero el billete mostraba \$ 578.50 menos \$ 300.00 en efectivo conun saldo de \$ 278.50 como habían acordado.

Noack había intentado pagar al personal médico el día anterior, pero se negaron, afirmando que estaban en deuda con ellos.

Noack agradeció a Klaus nuevamente y le pidió que comprara algo bueno para el médico y la enfermera, dándole a Klaus otros $ 50.00 con instrucciones "para decirles que es de todos nosotros". Klaus, aceptando el dinero, dijo que sería un placer para él y sabía que los recordarían por el resto de sus vidas. Kurt luego pidió ocho sobres y le pidió a Klaus que enviara a Ernst. Se dieron la mano y Klaus se fue después de hacer un movimiento a Ernst para que fuera a la oficina.

Ernst metió la cabeza dentro y preguntó: "¿Me quería, señor?"

"Entra y cierra la puerta. Toma asiento. Ernst, esto está fuera del registro y lo negaré si alguna vez surge".

"Entiendo, señor".

Noack les dijo que cuando el Mayor le dio $ 1,000.00 en marcos y $ 1,000.00 en moneda local, le había dicho que su superior estaba tan ocupado trabajando en planes para ir a la misión de rescate al sur de Sarajevo, que simplemente le dio el dinero, diciendo que era prescindible y que no tenía tiempo que perder en formularios burocráticos. El Mayor dijo que no firmó por él y que no quería que yo lo firmara porque se le rastrearía a él.

Luego dijo: "Ernst, me quedan $ 1,300.00. Me quedo con $200.00, $100.00 en marcos y $100.00 en moneda local". Le entregó a Ernst ocho sobres y los $ 1,100.00 restantes y dijo: "Divida el dinero de manera uniforme entre los ocho, pero mantenga los sobres hasta que salgamos de Sarajevo. Después de que estemos un buen día de marcha hacia el noreste en dirección a Austria, dáselo a menos que les diga lo contrario. Dígales que lo encontramos en un partisano musulmán chetnik muerto en el camino de regreso a la posición uno después de volar el puente, y no quería ninguno. ¿Puedes hacer eso por mí, Ernst?"

"No hay problema, señor. Estoy a sus órdenes ahora y para siempre, señor. Para nosotros, ustedes son familia".

Noack sonrió y asintió afirmativamente.

Ernst preguntó: "Oberleutnant, ¿qué le vas a decir al Mayor

para que lo sepa y podamos respaldarte?"

Noack respondió: "Voy a decirle que usamos el dinero para sobornar a yugoslavos medio borrachos. Eran pobres en tierra y por dinero obtuvimos información sobre el puente, los patrones de tráfico, las patrullas policiales, las fuerzas militares y las posiciones cerca del puente. Hicimos esto cuando tú y Rudy hicieron tu reconocimiento con Fritz".

Ernst dijo: "Lo tengo, y asílo tienen Rudy y Fritz. El resto no sabrá mierda. ¿Qué pasa con Willie?"

Noack le aseguró que todo lo que el Mayor sabía era que era un niño que se ofreció como voluntario para ir.

Ernst dijo: "Eso es bueno. Solo los cuatro sabremos que pagué por información cuando estaba solo, y dejaré que salga en sesiones de mierda por la noche a Rudy y Fritz. "

Noack dijo: "El Mayor no nos preguntará sobre el dinero porque sabrá cómo lo obtuviste y preferirá olvidarse de él".

Ernst respondió: "Señor, solo usted y yo conocemos los hechos y no se lo diré a nadie. Lo juro por Dios Todopoderoso".

Noack le estrechó la mano y dijo: "Guarda los sobres y prepara el men en para subir a la parte trasera del camión del hotel. Heinrich nos sacará".

Los nueve se amontonaron en la parte trasera del camión y se sintieron abrumados por el aroma de ocho perfumes diferentes sobrantes de sus nuevos amigos. Varios habían dejado cartas a las chicas con Helga para que las enviara por correo.

Después de varios minutos, Ernst habló: "Señor, se va al norte". El Comandante declaró: "Sé que le dije que nos llevara al norte hasta que estemos fuera de la vista de Visegrád. "

El camión se detuvo a la derecha y los hombres saltaron. Todos se despidieron de Heinrich mientras giraba el camión y se dirigía de regreso al hotel. Se abriría de nuevo en una hora más o menos. Tenía prisa ya que el gerente y su tío querían hablar con ellos antes de que llegaran los invitados y los lugareños.

Noack llamó a Ernst a unos veinte pies de distancia del escuadrón y le dio las órdenes de marcha. Noack ordenó: "Ernst, haz que Fritz y Max se alternen y nos lleven a Sarajevo fuera de la carretera principal, pero en caminos humanos a la derecha de la carretera. Vaya agradable y lento con descansos cada hora en la hora. Se permite fumar en los descansos. Pueden masticar en cualquier momento. Asegúrese de que los cigarrillos estén despojados del campo. No querríamos una reprimenda por dejar un desastre, ¿ahora lo haríamos?"

"Ciertamente no, señor".

"Gút, procede".

Stabsfeldwebel Steiner llamó la atención del grupo con Noack detrás de él. Puso a Max al frente con instrucciones como el Comandante había ordenado, y lo siguieron después de cinco minutos. El clima era seco, de apariencia gris, pero la temperatura estaba en los años cuarenta. Tenían botas nuevas y cada soldado tenía un almuerzo empacado por Helga en sus paquetes encima de raciones y munición. ¿Qué podría ser mejor? Por supuesto, de vuelta en Visegrád con sus fechas, pero eso no iba a suceder.

Al ritmo ordenado por Oberleutnant Noack llegaron a última hora de la tarde tres días después. Estaban en las afueras de Sarajevo, donde habían estado los rigades Bde la 22ª División Dy el CuartelGeneral, pero no estaban allí. Noack le dijo a Ernst y a los otros siete: "Bueno, les devolvimos el golpe. Todavía deben estar completando su último rescate de nuestro Kameraden al sur de aquí". Luego, a Ernst,"Iremos a la guarnición de Sarajevo Wehrmacht Heer. Llevas a los hombres al comedor consolidado y me reportaré al Oficial a Cargo. Me reuniré contigo allí cuando haganuestros arreglos de facturación".

Aproximadamente una hora más tarde, Noack llegó al comedor consolidado dentro de la guarnición y encontró a todos sus hombres sentados en un conjunto exterior de mesas fumando y hablando. Hizo un gran movimiento para que Ernst y Rudy se unieran a él. Caminaron hacia un patio interior protegido de las calles de Sarajevo. Se sentaron en una de las mesas y él explicó su situación. Primero, les dio su información de facturación y dónde informar y les dijo dónde estaría y cómo comunicarse con él si era necesario. Luego los sorprendió tanto como se había sorprendido cuando informó al Oficial a Cargo. Les dijo: "Hombres, la división llegó aquí hace doce días con muchos heridos y se fue con nuevas órdenes hace diez días. La OIC me llevó al Oficial de Operaciones de Guardia. Dijo que las órdenes cambiaban cada pocas horas. Recordó a nuestro joven Mayor y dijo que nuestra división se dirigía a pie a Austria y luego a un tren desde cerca de Graz hasta el frente occidental para ayudar a detener el avance estadounidense. La guarnición de Sarajevo y nuestros heridos estaban esperando órdenes de regresar también. Los pedidos pueden llegar en cualquier momento. El Oficial de Operaciones dijo que una gran cantidad de vías férreas habían sido destruidas por el Cuerpo Aéreo del Ejército de los Estados Unidos,por lo que podríamos alcanzar a nuestra división, o podríamos esperar aquí e ir con ellos. Le dije que le haría saber a Operaciones por la mañana cuando entregara mi informe sobre nuestra misión y mi promoción. recomendaciones". Les dijo que tenían que tomar una decisión infernal. También les dijo que había hablado durante unos minutos con un viejo amigo que era un Hauptfeldwebel que se había trasladado aquí hace unos seis meses. Su amigo le había dicho que el rumor era que todos aquí irían a

Berlín para ayudar en la defensa de Berlín contra un esperado ataque masivo de los bolcheviques pronto. Había recomendado tratar de atrapar a nuestra división esperando en un tren de tropas cerca de Graz. Después de un minuto de reflexión, Noack continuó: "Estoy de acuerdo con él. Ahora, caballeros, necesito saber lo que piensan".

Tras su acuerdo con él, él replicó: "¿Estás seguro?"

"Sí, sr.primer teniente".

"Que así sea", respondió Noack, "el dado ha sido echado".

Ambos respondieron con: "¿Qué?"

"No es importante, solo un viejo dicho".

Noack luego les dijo que obtuvieran todo lo que pudieran para una larga marcha, que lo pidieran prestado o que lo compraran.

"Ja'wohl,señor", respondieron con una sonrisa.

Luego les dijo que el Oficial de Operaciones dijo que había una veintena de nuestros jóvenes heridos listos para salir del hospital. Pueden caminar y llevar un rifle, pero seguirán siendo débiles. "Le diré a Operaciones a las 0800 horas, que Ernst, firmarás por ellos a las 0930 horas. Rudy, llevas a Hans al suministro del hospital a las 0930 y dejas que obtengan los suministros que necesitará para todos los heridos que caminan y para nosotros. Le pediré a Operaciones que llame al 0900 para tener listos los suministros médicos. Firmaré a los veintinueve de nosotros fuera de la guarnición y en camino para unirnos a nuestra división en 1330. De esta manera, todos ustedes pueden comer una buena comida juntos, ver si conocen a alguno de ellos lo suficientemente bien como para obtener información, y aprenderé lo que pueda con los oficiales en el almuerzo. Todos nos encontraremos al frente en el campo del desfile en 1315. Ernst, pon a los hombres en una pequeña formación de pelotón, los marcha por la puerta principal contigo a su izquierda. Estaré al frente a la derecha para tratar con el guardia de la puerta. ¿Preguntas?"

"No, señor".

"Está bien. Que tengas una buena noche. Mantén los oídos abiertos. Te veré en el campo del desfile a las 1315 horas".

"Ja'wohl, Oberleutnant. Buenas noches, señor", respondió Ernst.

Noack se dirigió a las palanquillas del oficial para ver si conocía a alguno de los oficiales que estarían allí. Sus nombres estarían en sus puertas. También caminaba por todas las oficinas en busca de viejos contactos además del Hauptsfeldwebel. Luego disfrutaría de la gran comida del mediodía y caminaría un poco más. Después de las horas de servicio, sería un fijo en el Club de Oficiales bebiendo Kognak y escuchando más que hablando. Tenía la sensación de que nunca volvería a ver un Club de Oficiales si defendían el Rin contra los estadounidenses y británicos o Berlín contra Iván y sus amigos comunistas de muchos países. So Noack bebió Kognak y apreció la camaradería del Club de Oficiales el 28 de febrero de 1945, preguntándose si alguna vez vería a su esposa, Johanna, o a sus hijos, Hans-Jürgen,ahora de once años, y a la pequeñaHannelore Heidi, ahora de casi cuatro. Antes de la última llamada para tomar algo, Noack reconoció un viejo Stabsfeldwebel de su primera unidad, el 29º Regimiento de Infantería del área de Guben. Sedirigía al viejo Stabsfeldwebel que, como Noack, era ahora un viejo First Lieutenant (Oberleutnant). Se acercó lentamente, mirando cuidadosamente a Noack, diciendo: "Kurt, ¿eres tú?"

"Ja, Martin, soy yo".

"Veo que ambos hemos subido enelmundo".

"Ja, seguro que sí".

Brindaron el uno por el otro y hablaron de su tiempo en el Guben Kaserne y sus familias que vivían cerca de Guben.

Martin preguntó: "Si no recuerdo mal, naciste en Guben. ¿Verdad?"

"Así es, pero vivíamos en Cottbus en 1939 cuando ambos volvimos a entrar en el Heer".

Ja, recuerdo haber superado tu en el reentrenamiento.

Noack se rió y le dijo a Martin Schneider que no había tenido noticias de su familia desde septiembre de 1944, antes de partir de Creta hacia Atenas. Martin le dijo que su familia estaba cerca de Cottbus y que a partir de la semana pasada todosserían bastante seguros si las mujeres y los niños se quedaban en casa después de las 3:00 p.m.

Noack respondió: "Esa es la mejor noticia que he tenido en

meses, Martin. Gracias".

Conociendo a Johanna, sabía que ella erauna mujer fuerte y una madrugadora. Él pensó: "Ella hará lo que tenía que hacer temprano con un vecino cuidando a los niños. Volverá al interior con las puertas y ventanas cerradas y cerradas con las persianas bajadas antes de las 3:00 p.m".

"Martin, me siento mucho mejor. Mi pequeña unidad, que será aproximadamente del tamaño de un pequeño pelotón después de que recojamos a veinte jóvenes heridos por la mañana. Nos dirigiremos hacia el norte detrás de nuestra división que partió hace diez días. Esperamos ponernos al día si su espera para un tren de tropas es larga".

Schneider le aseguró a Noack que no tenía que preocuparse por eso. "El Cuerpo Aéreo del Ejército de los Estados Unidos estaba bombardeando en todas partes. Los rieles como nuestras autopistas son un desastre".

Noack le dijo cuando terminaron su última bebida: "Tal vez pueda reunirme contigo para desayunar y almorzar antes de irnos a las 1330".

"Absolutamente. Te esperaré frente al Comedor del Oficial".

"Genial."

Salieron y se acercaron a los Cuartos de Oficiales. Martin fue el primero y Noack estaba en un edificio para oficiales en tránsito.

A la mañana siguiente a las 0715 se conocieron y disfrutaron de un abundante desayuno juntos. Hablaron con amigos y compartieron información para las familias si solo uno de ellos finalmente llegó a casa.

Salieron del comedor del oficial y salieron. Martin habló en voz baja y dijo: "Kurt, un buen amigo me dijo a las 0630 que Operaciones le dijo que esperaban órdenes de Berlín a primera hora de esta tarde. Todos los hombres y oficiales deben ser retenidos aquí y reasignados a nosotros e ir con nosotros en veinticuatro horas a Berlín".

"Gracias, Martin. Eres un buen amigo. Voy a saltarme el almuerzo. La última vez que me viste en el desayuno y no sabes dónde estoy".

"Absolutamente. Buena suerte".

Noack se apresuró a ir al comedor alistado y sudoficial. Vio a Ernst y dijo: "Consigue a Rudy y Fritz. Ve a buscar los suministros ahora y reúnete conmigo en el campo del desfile a las 1100 horas. No informe a los hombres hasta las 1050 horas, luego muévalos al campo del desfile. Manejaré al guardia de la puerta si intenta detenernos. ¿Entendido?"

"Sí,señor".

Noack se quedó lejos del área de tránsito y se acercó a la piscina de motores, actuando muy interesado en los camiones de cinco toneladas utilizados principalmente para mover munición y otra carga. En un examen minucioso, se podía decir que no fueron hechos en Alemania, sino por otra nación y enviados a través de Suiza. Luego se les colocaron guardabarros alemanes y las marcas de la Wehrmacht. Además, una compañía petrolera estadounidense vendió petróleo a una compañía suiza, que luego nos lo vendió. Su inspección de los camiones y las conversaciones con los mecánicos confirmaron las sospechas que tenía desde que dirigió la

Wehrmacht Supply and Transportation Company en Colmar, Francia,en 1941 después de la rendición francesa.

MAPA DE OPERACIONES DE NOACK
1944 SEPTIEMBRE A 10 MAYO 1945

AUSTRIA
HUNGARY
ROMANIA
BLACK SEA
BULGARIA
ADRIATIC SEA
ITALY
ALBANIA
GREECE
TURKEY
CRETE 1.

MAPA DE RUTA DE LA 22ª DIVISIÓN DE INFANTERÍA SEPTIEMBRE DE 1944 A ENERO DE 1945:

Ruta de Noack
enero de 1945 a mayo de 1945

1. Crete: Noack fue asignado a la 22ª División de Infantería como oficial legal; La división alertó en septiembre de 1944 para trasladarse a Atenas. Todo el equipo pesado y las armas, y la mayoría de las pertenencias personales, se dejaron en Creta.

2. Atenas: Desembarca la 22ª División de Infantería, transportada por el Transporte Aéreo de la Luftwaffe. Ordene a Tesalónica en tren a finales de mes.

3. Salónica: Después de unos días de descanso y reorganización.

4. Kilkis: La 22ª División de Infantería acampó al sureste de Kilkis esperando órdenes de marchar hacia Yugoslavia en una misión de rescate de las tropas Atrapadas de Heer y Disposition en tres áreas de Yugoslavia y luego proceder a Sarajevo con sus hombres rescatados.

5. Dojransko: Enfrentamiento no planificado con las fuerzas de Tito, partisanos y tropas búlgaras cerca del lago, se separó y se trasladó a Skopje.

6. Skopje: Primer rescate de las tropas de Heer y Disposition; las tropas no necesarias en las batallas siguieron avanzando

lentamente hacia el siguiente sitio, las brigadas comprometidas alcanzaron a las tropas rescatadas, los suministros y la munición; todo excedente destruido para evitar el uso enemigo, noviembre de 1944.

7. Prishtina: El segundo objetivo de la misión, las tropas innecesarias nuevamente siguieron moviéndose lentamente mientras la brigada comprometida liberaba a las tropas de la Wehrmacht Heer y Disposition con suministros y munición después de la batalla, atrapadas con el cuerpo principal de la División moviéndose hacia el próximo objetivo de la misión, Kragujevac, noviembre de 1944.

8. Kragujevac: Fuertes combates sangrientos, enemigo reforzado por las fuerzas de Tito en Belgrado, muchas bajas en ambos lados, rescató al remanente de las tropas de la Wehrmacht, rompió el enfrentamiento con una gran fuerza de retaguardia utilizando todo lo que teníamos mientras nos movíamos hacia el oeste por el norte rápidamente.

9. Visegrád: Cruzó el Drina hacia esta hermosa y segura ciudad en la noche del 24 de diciembre de 1944. Para cuando el batallón de Noack llegó allí, ya era tarde y los hombres podían escuchar la maravillosa música navideña y ver las luces festivas mientras se trasladaban al campamento.

10. Sarajevo: Después de varios días de descanso y tratamiento médico de los heridos, las últimas unidades siguieron el cuerpo principal hacia Sarajevo y encontraron a la 22ª División acampada justo al este de Sarajevo y se unieron a ellos; reportando en.

11. Šabac : Después de un malentendido con un joven Mayor en el Cuartel General de la Brigada, Noack fue nombrado Comandante de un escuadrón para regresar a Yugoslavia para volar el puente en Šabac. Esto ralentizaría cualquier persecución de la retirada de las tropas de la Wehrmacht hacia Austria. Cuando Noack y sus hombres partieron para volver a entrar en Yugoslavia, el resto de la 22ª División partió para una misión de rescate más de tropas atrapadas al sur de Sarajevo, donde el Drina serpentea hacia el territorio enemigo en ambos lados, ya no una frontera.

1. Visegrád: Después de completar su misión en Šabac, el escuadrón de Noack cruzó el Drina y se refugió durante unos días en Visegrád, luego a Sarajevo para informar los resultados de la misión, pero el 22 había regresado y se había ido, retirándose hacia Austria. Noack y su escuadrón aceptaron veinte soldados heridos de la Wehrmacht y también abandonaron Sarajevo, con la esperanza de alcanzar a la División o al menos a las fuerzas estadounidenses que se rumoreaba que en Sarajevo estaban en partes de Austria.

2. Montañas Ćelije: marzo y abril de 1945, se pasaron a pie en hielo y nieve mientras marchaban cuesta arriba en elevaciones más altas hacia los Alpes Julianos. Noack utilizó la cuenca del río Sava como su hoja de ruta hacia Austria, zigzagueando todo el camino.

3. En algún lugar entre Ćelije y Graz, Austria: las fuerzas del ejército de los Estados Unidos estaban acampadas. Noack y su pequeña unidad se rindieron el 10 de mayo de 1945, tres días después de la rendición incondicional alemana en Francia.

14

RETIRADA HACIA AUSTRIA, RENDICIÓN, TRAICIÓN, ROTACIÓN, Y POW EN YUGOSLAVIA

Para entonces eran 1030 horas. Se volvió y se fue y caminó hacia el campo de desfile lentamente. Se sentó en una mesa y fingió estar leyendo una carta de instrucción. Le había dicho a Ernst: "Haz que se vean agudos al atravesar la puerta. Una vez que estemos fuera de la vista, disminuya la velocidad y vea si alguien necesita ayuda. ¿Tienes mi equipo?"

"Ja'wohl, Herr Oberleutnant", saludando con el saludo del Partido Nazi. Noack devolvió lo mismo. Ernst condujo al pequeño grupo de hombres del tamaño de un pelotón hacia la puerta con Noack al frente a la derecha.

A las 1055 horas Oberleutnant y su pequeña unidad del tamaño de un pelotón llegaron al área de la puerta. Las barras de cruce estaban levantadas y las barricadas se apilaban al borde de la carretera. El subaficial mayor en la puerta vio a un Oberleutnant y un sudoficial mayor marchando hacia la puerta. Sus órdenes no entraron en vigor durante una hora y cinco minutos. Pensando que podrían estar saliendo a recoger AWOLs,leindicó a Noack que pasara, echó atención y saludó al Partido Nazi, que Noack devolvió con los ojos justo cuando pasaba. Después de despejar el Post y volver hacia el área abandonada dondela 22ª División había estado acampada, Noack le dijo a Ernst que se detuviera en un pequeño parque y dejara que Hans viera a cualquiera de los heridos que pudieran necesitar ayuda. Hans repartió aspirina Bayer y rebandeó algunas.

Noack, Ernst y Rudy tuvieron una conferencia fuera del alcance de la oreja. First Noack le dijo a Ernst que si no logramos atrapar nuestra Division antes de Austria, "Olvídate de la historia de portada del Major. Tú y yo lo conseguimos de un chetnik muerto al noroeste de Šabac cerca de Loznica. ¿Entiendes?"

"Claro, sr. primer teniente".

Noack continuó: "Este es el primero de marzo y nuestra Division está once días por delante. Estudiando estos bocetos que me dieron en Operaciones, hay tres senderos principales que van hacia el norte, lejos de las carreteras principales hasta el área de Célje. Con todo el zigzagueo y el zigzagueo que nuestra Ivision Destá haciendo para evitar el contacto con losenemigos, se ralentizarán. Esto mejorará nuestras posibilidades de ponernos al día. Sin embargo, el tren de tropas que nos estará esperando, teniendo en cuenta el zigzagueo y el zagging entre los senderos, está a unas seiscientas a setecientas millas de distancia. Es cuesta arriba todo el camino y escarpado una vez que llegamos a las estribaciones de las montañas Célje. Los nueve de nosotros tenemos botas decentes, pero los heridos están casi descalzos ahora. Debido a la elevación ascendente a medida que avanzamos, estaremos en la nieve y el hielo incluso en marzo y principios de abril si lleva tanto tiempo. Dile a Hans que si ustedes dos ven algún cuerpo, nos detendremos y tomaremos sus botas y cualquier cosa que ayude a Hans a cuidarnos o mejorar nuestra misión de volver a unirnos a nuestro Division. ¿Preguntas?"

Ernst respondió: "Señor, ¿cómo sabremos qué camino tomar?"

"Bueno, los bolcheviques, si losy cruzan el río Sava (Sau), seguirán el rastro que fue utilizado por nuestra división. Dejaré que Fritz y Max nos mantengan en un sendero cerca del sendero que nuestro Division usad. Si escuchamos disparos de francotiradores o vemos a algún enemigo venir del Sava/ Sau,es Bolchevique. Si el fuego enemigo o de francotiradores es del oeste, son los partisanos yugoslavos. Seguimos moviéndonos, pero giramos bruscamente en la dirección opuesta y luego regresamos al norte cuando Fritz o Max lo consideran seguro. Les informaré esta noche".

Noack continuó: "En este momento tenemos que salir del alcance de la guarnición de Sarajevo o pueden alcanzarnos y ordenarnos que regresemos. Vi un camión de munición de cinco toneladas estacionado frente al depósito de suministros fuera de la pista de aterrizaje de Post cuando llegamos a este parque. ¿Crees que puedes comenzar?"

"Ja'wohl, Herr Oberleutnant. No hay problema".

"Ve a buscarlo. Tendré a los hombres sentados como si les estuviera dando una clase".

Ernst y Rudy se pararon en la atención y saludaron con el saludo de Heer. Noack se paró en la atención y devolvió el mismo saludo, diciendo: "Buena suerte". Ernst y Rudy se volvieron y se fueron.

A las 1320 horas, una hora y veinte minutos después de que se cerraran las puertas de la guarnición de Sarajevo, Ernst y Rudy llegaron al parque. Noack le dijo a Unteroffizier Schroeder que los llevara a bordo ahora. Cuando los hombres, con la ayuda de Otto, subieron con gusto, Noack preguntó: "¿Cómo está el gas?"

"Lleno, señor", respondió Rudy.

Con Rudy conduciendo, Ernst estaba en el medio y Noack junto a la ventana del pasajero para devolver cualquier saludo sipas tropas de la Wehrmacht.

Después de una hora dirigiéndose por la carretera principal hacia el norte, Noack le indicó que se detuviera y dejara que los hombres se aliviaran y fumaran. También le dijo a Rudy que dejara que Ernst condujera e intercambiara lugares con Fritz para que pudiera mostrarle el boceto de los senderos y las posibles áreas de contacto enemigo. Rudy llevó a cabo la orden después de que terminó el breve descanso.

Estaban en camino hacia el norte de nuevo. Fritz tenía muchas preguntas y Noack señaló el río Sava (Sau) y luego los senderos, diciendo que después de hoy volveríamos a viajar por la noche y escondernos en campamentos que encontró durante el día en dells, barrancos o árboles densos. Fritz entendió.

Aproximadamente una hora antes de la puesta del sol, mientras pasaban por vehículos civiles pero ni un solo vehículo militar, Nock le dijo a Ernst que encontrara un desvío seguro a la izquierda, hacia el noroeste, y luego un camino de tierra a un albergue o cabaña vacía. Se detenían en el camino de entrada y Max o Fritz se aseguraban de que no estuviera ocupado.

Al anochecer, Ernst había conducido a unos tres cuartos de milla de la carretera principal en un camino de tierra y estaba estacionado, dejando salir a Fritz y Max antes de que la cabina apareciera a la vista. Quince minutos después, Max regresó y dijo que una cabaña y un pequeño granero estaban vacíos. Fritz se quedaba para revisar el perímetro y las rutas a pie.

Cuando llegaron al frente de la cabina, todos descargaron. Noack le dijo a Ernst que pusiera el camión de munición en la barran. Le dijo a Rudy que viera cuántas personas podía dormir la cabina y que estableciera la lista de guardias con dos guardias en todo momento armados con dos de las pistolas ametralladoras con municióndeRepuesto.

Ernst regresó después de estacionar el camión, y Noack le dijo: "Estaremos aquí durante veinticuatro horas con dos guardias en todo momento. Tú y Rudy ponen en práctica todas nuestras rutinas normales ahora".

"Sí, sr.primer teniente".

Rudy salió de la cabina y dijo que la cabina podía manejar ocho. Noack les dijo a ambos que le dijeran a Hans que seleccionara a los seis hombres heridos más graves para que se quedaran en la cabaña con él. Noack y Rudy o Ernst se quedarían en la cabaña, el otro en el granero a cargo. Ernst inmediatamente dijo que era mejor que se quedara en el granero para ayudar a Unteroffizier Schroeder. Noack respondió: "Bien. Dile a Max que salga a buscar a Fritz. Quiero informar a ambos en la cabina tan pronto como regresen. ¿Preguntas?"

"Ninguno, señor".

Ernst consiguió que la mayoría de los hombres,ya que dosestaban en reconocimiento, se instalaran en el barn sentados en sus sacos de dormir. Los dos en guardia ya habían tomado sus puestos. Mientras esto suba, Hans estaba llevando a los seis heridos a la cabina para una revisión de sus heridas y ayudándoles a establecer sus arreglos para dormir. Las cunas para dormir de Rudy y Noack estaban arriba en una gran repisa,como una estructura.

En el granero a lo largo de la parte trasera frente al bosque, Otto hizo que sus dos fieles, Karl y Willie, cavando la trinchera de hendidura. Los otros estaban dentro del granero comiendo sus raciones, medias raciones, por supuesto, en el plan Noack.

Rudy le preguntó a Noack si quería que las ventanas y la puerta se oscurecieran. Noack respondió: "Estás obteniendo la capacidad de anticipar mis órdenes. Eso es bueno".

"Sí, lo soy, señor".

Rudy tomó ponchos y los colgó y los pegó con cinta adhesiva sobre las ventanas mientras Hans atendía a los jóvenes soldados heridos. Rudy hung un cable a través de la entrada / salida (sólo una puerta) y colgado un poncho a lo largo de toda la puerta. Luego encendió una vela en la pequeña mesa en el área de la cocina abierta. También le dio a Hans una vela sentada en un plato pequeño para que pudiera ver mejor mientras se movía de un paciente a otro.

Noack bajó de su área de cuna con un puñado de papeles. Le recordó a Rudy que consiguiera que Fritz y Max lo vieran tan pronto como ambos estemosen el campamento. Noack volvió a trabajar estudiando los bocetos y un mapa del Sava (Sau) River Basin yendo hacia el norte hasta la confluencia de dos arroyos que inician el Sava en los Alpes. A medida que fluía hacia el sureste cuesta abajo, formó varias fronteras. Se moverían hacia el norte al oeste del Sava en uno de los tres senderos antiguos lejos de las carreteras de uso frecuente.

Una vez que llegaron a la zona de Ćelje,pueden girar bruscamente hacia el este y estar muy cerca de Graz. Aquí es donde se ordena a la 22ª División que aborde un tren de tropas. Mientras reflexionaba sobre esto y trataba de calcular un calendario que estimara su capacidad para avanzar cuesta arriba en un terreno accidentado, pensó que podrían hacer de seis a ocho millas por noche salvo combates prolongados o tormentas. Sabía que cuanto más alto llegaran, más hielo y nieve obstaculizarían su progreso.

De repente, Fritz y Max estaban parados en la mesa. Noack levantó la vista y dijo: "Por favor, siéntese". Noack explicó la ruta hacia el norte y les hizo estudiar los tres senderos paralelos. Luego les dijo que tendríamos hombres de reconocimiento bolcheviques a nuestra derecha, en el lado este delSava, yalos partisanos yugoslavos y posiblemente soldados búlgaros y musulmanes chetnik a nuestra izquierda todo el camino. Pensó que si no nos veían, seguirían el rastro dejado por nuestra división D. Por lo tanto, quería que Fritz y Max siempre evitara el caminode la Division. También les dijo que si tomaban fuego de francotirador desde cualquier dirección para cortar inmediatamente en la dirección opuesta en un nuevo sendero. Les dijo que no volvieran, que simplemente dejaran caer la basura local a donde nos dirigimos. "Los tres tenemos los bocetos en la cabeza. Deja caer basura civil y sabré hacia dónde te diriges".

También les dijo que si hacían la tasa que esperaba, de seis a ocho millas por día en promedio, sería a fines de abril antes de que se reunieran con el cuerpo principal de la División. También les recordó que los nueve tenían buenas botas, pero los veinte que recogieron en Sarajevo no. "Si ves algún cuerpo, recuerda tomar sus botas y cualquier otra cosa que podamos necesitar. Si los cuerpos son alemanes, tome la mitad of la identificación de la Ivision Dy marque dónde está el cuerpo ien mis bocetos cuando regrese. Si estás a salvo, entierra a nuestrosmuertos" Agregó, "Fritz, ¿todavía tienes la llamada del pájaro? Creo que te lo devolgué. "

Fritz sonrió y dijo: "Sí,señor, lo hizo".

Noack sonrió y dijo: "Todo está en orden entonces. Un toot y luego entrar como antes".

"Sí, señor".

"Está bien. Ambos obtienen sus raciones y un poco de descanso. Quiero que salgas al atardecer y encuentres el sendero durante 1800 horas mañana".

Dijeron:"Ja'wohl, Herr Oberleutnant", y fueron a buscar sus raciones al granero y a saquear.

Antes de que Noack pudiera volver a su planificación, Hans apareció e interrumpió sus pensamientos. Le dijo al Comandante: "Señor, es bueno que pongamos a los seis heridos gravemente aquí. Uno ciertamente no era apto para estar entre los heridos que caminaban, señor".

"¿Cuál es el problema?"

"Señor, está sangrando internamente. Algo debe haberse deshecho en la marcha o cuando tuvimos ese viaje lleno debaches en la parte trasera del camión. Cuando está consciente, está de buen humor y feliz de que cada día se acerque más a casa".

Noack parecíapreocupado, como estaba. Le dijo a Hans que subía las escaleras y miraba las cunas que no son más que una cuna militar y que Otto ayudara a arrancar o que viera las piernas alrededor de 1700 mañana y las usara como camilla para el soldado Eugen Geyer.

"Dile a Otto que rote a dos de nuestros hombres a ese deber cada hora. Él solo debe usarte si no estás ocupado con la condición de otra persona".

"Sí, señor. Lo haré de vez en cuando y luego volveré a hacer mis rondas".

"Hans, avísame cuando Geyer esté consciente y voy a hablar con él".

"Sí, señor".

Luego se fue al granero para informar a Otto del Comandante oder.

Después de comer sus medias raciones, Noack se levantó para subir la escalera hasta la cornisa donde estaban las dos cunas. Eran 2200 horas y estaba agotado. El Oberleutnant estaba en el segundo peldaño de la escalera cuando Hans se acercó. Hans acababa de terminar sus rondas y Geyer había sido primero y último. Noack miró hacia abajo y preguntó: "¿Está despierto, Hans?"

"No, señor. Se ha ido. Murió mientras dormía plácidamente con la morfina que le di hace dos horas".

Noack bajó y fue a la mesa y se sentó. Hans lo siguió. Noack le dijo a Hans que se sentara y le preguntó: "¿Sabes qué hacer?"

"Sí, señor. Desafortunadamente, lo he hecho con demasiada frecuencia".

"Yo también", respondió Noack, quien continuó dile a Hans que hiciera que Otto cavara una tumba por la mañana y envolviera a Eugen en varias mantas.

"Primero, después de obtener nuestra parte de su identificación, vea si tiene una dirección de casa en sus efectos personales. Si lo hace, escribiré a sus padres de la División cuando nos reportemos. Tome sus botas y cualquier otra cosa que uno de sus Kameraden pueda necesitar en la marcha hacia el norte. Y, Hans, otra cosa. Por favor, dígale a Ernst que tenga al Asistente del Capellán herido para ponerse en contacto con Otto y celebrar un pequeño servicio funerario a las 1330 horas. Delinea la tumba con pequeñas rocas y una cruz de madera. Esperemos que el dueño de la cabaña sea cristiano".

Hans dijo: "Sí, señor", y se fue al granero nuevamente para cambiar las órdenes de Otto e informar a Ernst de las órdenes del

Comandante.

De vuelta en la cabaña, Noack se acercó a la escalera a su cuna nuevamente y subió la escalera a la cama. Ernst estaba ahora de nuevo a cargo y las rutinas de Noack estaban en plena vigencia mientras el Comandante dormía.

Después del servicio cristiano y el entierro del soldado Geyer, todos regresaron a sus deberes asignados o para descansar más, ya que se mudarían a las 1800 horas después de sus medias raciones y leche o agua alimentadas. Rudy hizo que todos rellenaran sus cantinas antes de su hora de salida de 1800 horas.

Fritz y Max regresaron de su misión de reconocimiento de la sección de senderos. Habían informado a Noack antes del funeral y usaron sus sacos de dormir en las cunas de Rudy y Noack para una buena siesta. Después de levantarse en 1520, comieron sus raciones y se prepararon para comenzar la marcha. Noack los quería más cerca. Fritz saldría a las 1750 horas, Max a las 1755, luego Ernst, luego Noack, luego el grupo en un solo archivo con Otto como retaguardia, y en 1800 Fritz, Ernst y Otto con las pistolas ametralladoras. Noack tenía su brazo lateral, el Walther P38, y el tercer juego de binoculares que compartía con su suoma mayor; Fritz y Otto tenían los otros dos binoculares. Rudy tenía un arma lateral y un rifle. Todos los demás tenían sus rifles, bayonetasy armaslaterales recogidos en enfrentamientos pasados.

Estaban en un pequeño sendero más cercano al Sava (Sau),aunas tres millas más o menos de la calle WeSt, y estaban haciendo un buen tiempo. Cuando Max regresó corriendo a Ernst, dijo que Fritz había encontrado un lugar seguro para esconderse cuando el sol estaba a punto de salir. "Busque basura civil en el lado izquierdo del sendero, recoja la basura y guárdela. Marcha hacia el oeste a un cuarto de milla y él y Fritz estarían allí". Max se dio la vuelta y regresó para ayudar a Fritz a establecer el perímetro del escondite.

Ernst y Noack hablaron brevemente mientras los hombres descansaban en su lugar. Se mudaron después de cinco minutos. Ernst encontró la basura y la recogió, dirigiendo a todos a que se volvieran rigurosos. Después de ver a Otto, subió la línea.

Fue una mañana agradable. La luz se hacía más evidente a medida que caminaban. A los pocos minutos vieron a Fritz y Max caminando fuera del área, seleccionando los lugares con la mejor visibilidad para los puestos de guardia. Era un gran dell rodeado de brocha alta durante 360 grados. Noack le dijo a Fritz y Max: "Bien hecho".

Sonrieron y dijeron: "Con su permiso, señor, haremos un poco de exploración entre 0100 y 0930 e informaremos".

Noack respondió: "Eso estará bien". Luego le dijo a Ernst: "Tú y Rudy conocen las rutinas, así que hazte cargo. Necesito que Hans mire mi pie izquierdo. Entonces voy a dormir un poco".

Ernst respondió: "Sí, señor. Nosotros nos encargaremos de las cosas. Enviaré a Hans".

Noack se fue y encontró un buen lugar para su equipo y saco de dormir debajo de uno de los dos puestos de guardia.

En las primeras horas de la mañana, Fritz y Max salieron a reconocer. Aproximadamente a una milla al norte de su campamento, encabezan varios disparos de rifle provenientes del área justo al oeste del Sava. Se acercaron y escucharon cuatro o cinco disparos más. Fritz pensó: "Debe ser el Recon soviético buscando rezagados de la 22ª División. Noack y Ernst también escucharon débiles disparos de rifle y alertaron a todos los hombres. ¡Fritz se puso a la vista del sonido y vio una fiesta de caza! Ordenó a Max que regresara a su campamento para informar al Comandante. Fritz completó su reconocimiento y regresó al campamento para descansar más tarde.

Durante las siguientes tres semanas hicieron un buen tiempo dirigiéndose hacia el noroeste por el área de la cuenca del río Sava, zigzagueando y zigzagueando entre pequeños senderos ásperos, a veces cubiertos de maleza. Fritz y Max hicieron un gran trabajo manteniéndose alejados de las carreteras con tráfico y los trails que habían sido utilizados por la 22ª División rumbo a Austria. Si la Division había utilizado el sendero este más cercano al río Sava, el pequeño grupo Noack usó el sendero oeste, y si la división había usado el oeste, usaron el este con Max y Fritz vigilando atentamente el área de la costa este en la cabeza de la columna, Ernst y Otto observando la retaguardia y el este y el oeste, y Noack y Rudy vigilando las luces o el movimiento de los bolcheviques en el centro de la columna. Fueron especialmente cuidadosos durante el amanecer. El sol estaba en sus ojos cuando miraban haciaeleste, y los Bolsheviki eran asiduos, no partisanos yugoslavos mal disciplinados. De hecho, Oberleutnant Noack pensó: "Podría haber algunos rigades Bdel ejército soviético deGagen quese extienden a través de Hungría hasta la frontera con Austria". Advirtió a todos que siguieran mirando hacia el este para Iván y hacia el oeste para los partisanos. No estaba demasiado preocupado una vez que acamparon mientras los partisanos bebían y festejaban por la noche. Sus campamentos se podían ver fácilmente con sus grandes incendios. En el este, los soviéticos tendían a revisar el progreso y los soldados hacían mantenimiento y se preparaban para el día siguiente, si no estaban en servicio de reconocimiento o guardia.

Noack pensó que habían ahorrado unas setenta millas de marcha al pedir prestado el camión de munición, y habían promediado ocho millas por noche siguiendo a Fritz o Max a su próximo campamento oscuro. Noack pensó que habían llegado a unas 240 millas al norte, pero ahora las suaves estribaciones estaban detrás de ellos. Su ritmo de movimiento hacia adelante se ralentizó. Ahora estaban tratando de escalar montañas en la oscuridad. Sin embargo, no había escasez de lugares para esconderse en el día, muchas gargantas, densos bosques, barrancos y chozas o cabañas vacías aisladas lejos de los caminos y senderos de animales. Hicieron su mejor momento justo antes de la puesta del sol cuando no tenían que preocuparse por los partisanos que probablemente estaban amamantando resacas, pero Noack sabía que los soviéticos, si estaban en el área, se levantarían y tendrían sus equipos de reconocimiento fuera. Después del susto de algunos cazadores no se arriesgaba.

Mientras estaban en el campamento durante el día, dos hombres siempre estaban en guardia con pistolas ametralladoras. Noack, Ernst y Rudy repasaron las tácticas básicas de mano a mano con los diecinueve heridos que caminaban, y habían mejorado físicamente en las últimas semanas. A todos se les recordó que, a menos que fueran atacados, no había disparos. Sería una respuesta abrumadora que no podrían igualar. Si alguien tropezaba con un hombrede reconocimiento enemigo, tendría que matarlo lo más silenciosamente posible. Si se dispararan, nos abriríamos con cada arma que tengamos, usaríamos las granadas,las pistolas ametralladoras y los rifles. Ernst también les advirtió que mantuvieran sus cuchillos y bayoneta afilados y que todas las armas deben limpiarse y engrasarse,si es necesario, e inspeccionarse antes de dormir.

Con las montañas y las precauciones extremas en efecto, estaban haciendo alrededor de cuatro a cinco millas por noche. La mayoría se hizo al atardecer y al atardecer. Cuando era posible, doblaban el tiempo cuando había luz adecuada y tenían tierra firme adecuada, no en una sola repisa.

Para complicar su situación, ahora estaban subiendo día a día y la temperatura era lo suficientemente fría como para que la nieve y el hielo ya no se derritieran.

Hans también trabajó con los diecinueve que habían usado botas cuando comenzaban cada mañana. Tomó mantas y cortó la tela para que encajara sobre sus calcetines, lo que disminuiría el frío y las abrasiones de las rocas y el cepillo. Tambiénutilizaban trozos finos de lana o cartón para insertar en sus botas para cubrir agujeros en las suelas. Hans hizo sus inspecciones de pies y el tratamiento de cada miembro del pelotón en retirada de Noack.

Las rutinas habituales continuaron durante toda la última semana de marzo y las tres primeras semanas deabril. Noack pidió a Ernst que paseara mientras preparaban el campamento. Retrocedieron unos veinte metros y Noack ayudó a Ernst a extender su poncho en el suelo. Ambos se sentaron, físicamente fatigados por decirlo suavemente. Eran los dos hombres más viejos y Noack tenía casi el doble de la edad de Ernst.

Noack declaró: "Ernst, dos asuntos que debemos resolver, ya que no tengo idea de cuándo llegaremos a la frontera austriaca. Espero que dentro de unos días más, pero ni idea. Primero, ¿todavía tienes alguno de esos sobres para nuestro equipo de demostración?"

"Sí, señor".

"Creo que es mejor que sigas adelante y entregues los sobres a los otros siete miembros del equipo. No sabemos si y cuándo podríamos ser atacados y necesitamos separarnos y ser cada hombre para sí mismo moviéndose hacia la frontera austriaca".

"Sí, señor. Entiendo. Lo manejaré esta noche".

"Bien. Ernst,solo dígales que lo obtuvimos de ese chetnik muerto y que ambos queríamos compartirlo para darnos a cada uno de nosotros un poco de dinero".

"Sí, señor, lo hará".

"El segundo problema es que Otto me dice que nuestras raciones se agotarán en una semana, y no puedo arriesgarme a tener hombres hambrientos tratando de moverse y, lo más probable es que no, estar en más combate. Por favor, dígale a Rudy que ayude a Otto a comenzar a todos con raciones de un cuarto esta tarde antesde romper el campamento, pero deje que cada hombre tenga ocho onzas de leche en polvo. Tenemos mucho de eso".

"Sí, señor. Me pondré con Rudy y Otto tan pronto como terminemos, señor".

"Hemos terminado, Ernst. Descansa un poco".

Cuando Hans finalmente llegó a Noack para inspeccionar sus pies, Noack le dijo que el equipo original loentendía, pero Hans mejor explicar a las diecinueve tropas agregadas que vamos a cuartos de raciones esta tarde. Él dijo: "Es mejor tener hombres hambrientos que hombres hambrientos. No sabemos cuánto tiempo más pasará hasta que lleguemos al área entre Célje y Graz, tal vez la próxima semana o tal vez el próximo mes. No puedo arriesgarme a que nuestros hombres no tengan al menos algo de comida con leche todos los días".

"Entiendo, señor. Voy a ver a cada uno de ellos de vez en cuando y luego dormir un poco".

"Gracias, Hans".

Hans se puso de pie para saludar y Noack lo saludó con la mano, "Estoy demasiado cansado para levantar la mano, Hans".

Hans asintió y saludó de todos modos, ya que entendía, pero respetaba su Commander y estaba agradecido de estar con él.

La lenta y dolorosa escalada continuó hasta abril de 1945 y hasta mayo.

El 10 de mayo de 1945, Fritz y Max regresaron corriendo a su campamento alrededor de las 0830 horas mientras hacían su reconocimiento temprano en la mañana para su ruta más tarde esa noche. Fritz le preguntó al Comandante si él y Max podían hablar con él en privado. Noack hizo un movimiento para volver a salir del sendero y lo siguió. Fuera del alcance del oído, Noack preguntó: "¿Qué tienes, Fritz, un escuadrón de reconocimiento frente a nosotros?"

"¡No, señor, creo que todo el Ejército de los EstadosUnidos! "

"Yo también, señor", opinó Max.

Noack preguntó: "¿Qué tan lejos?"

"Alrededor de cuatro millas, señor".

"¿Podemos rodearlos en cualquier dirección?"

"No, señor. Podemos retroceder y cruzar el Sava (Sau). Podemos intentar entrar en Austria a través de Hungría, señor".

Noack le dijo a Max que fuera a buscar a Ernst y Rudy y los enviara aquí. Brevemente a Otto y quédate con él.

"Sí, señor", respondió Max, saludando el tradicional saludo del Ejército, que Noack devolvió. (A menos que los oficiales alemanes casi desconocidos, siempre usaron el saludo del Ejército).

Mientras esperaba a Ernst y Rudy, Fritz entregó a su comandante un panfleto en alemán del Ejército de los Estados Unidos. Noack preguntó: "¿De dónde sacaste esto?"

"Señor, a unas dos millas de su gran campamento, los panfletos están dispersos al este y al oeste de nuestra ruta".

"Ya veo. Dejemos un par de ponchos y describamos lo que vieron mientras esperamos".

"Señor, tienen un gran campamento con un área vallada con varios cientos de prisioneros Heer, y sus tropas se extienden hacia el este y el oeste hasta donde pudimos ver con binoculares. Parece que vinieron de Italia a su posición actual".

Noack dijo: "Maldita sea, Fritz. Estamos tan cerca de Austria que me da pena el corazón", y agregó: "¿Qué dice su panfleto?"

"Señor, dice que seremos bien tratados, se brindará tratamiento médico, comida caliente, ropa limpia, duchas y seremos transportados de regreso aAlemania a un campo de prisioneros de guerra".

"Bueno, tenemos mucho que discutir con Ernst y Rudy".

Hubo silencio durante uno o dos minutos, pero a Fritz le pareció una eternidad.

Ernst y Rudy aparecieron y Noack les indicó que se sentaran en el poncho. Noack abrió con: "Fritz me dice que hemos llegado, pero no es la llegada que esperábamos. Parece que tenemos dos brigadas de tropas del Ejército de los Estados Unidos bloqueando nuestro camino hacia Austria. Están ofreciendo un trato decente si nos rendimos y nos llevarán en camión a un campo de prisioneros de guerra en nuestra Patria. La segunda opción es esperar. Ernst, ¿ya has completado esa pequeña tarea?"

"Sí, señor, todo está en orden".

"Gracias, Ernst. ¿Era la bota izquierda del Chetnik o la bota derecha?"

"Bota correcta, señor".

"Ja, eso es correcto. Gracias. Ahora, nuestra segunda opción es retroceder y cruzar el Sava hacia Hungría e intentar llegar a Austria enfrentándose a una fuerza soviética de fuerza desconocida. Hágales saber lo que cada uno de ustedes piensa como mis dos Suboficiales

Senior y mi hombre senior de Reconocimiento. Fritz, comienzas primero".

"Señor, sé que no podemos atravesar o rodear a los yanquis, y nuestros hombres que son prisioneros parecen no estar siendo maltratados. A través de binoculares pude verlos reír y tomar café después de la puesta del sol. Los estadounidenses estaban preparando una cocina para su desayuno. Y sé lo quepuede ser unn SOB Ivan. Con el terreno tal como está y nuestra tasa actual de viajes y el hecho de que los yanquis notificaron a su cuartel general que habían capturado soldados de la Wehrmacht procedentes de Yugoslavia, apostaría un mes de pago a que el cuartel general estadounidense notificó a todos sus aliados. Iván estará preparado y cargado para encontrarnos y abrumarnos. Prefiero unirme a nuestro Kameraden en un campo de prisioneros de guerra estadounidense, señor".

"Está bien, Fritz", dijo Noack,"¿Ahora, Ernst?"

"Bueno, señor, confío en la opinión de Fritz sobre el terreno y nuestras posibilidades. Si tuviéramos dos o tres batallones de infantería totalmente equipados, estaría a favor de un movimiento rápido a través de Hungría a Austria. En nuestra forma actual sería un suicidio".

Noack preguntó: "Rudy, ¿cuáles son tus pensamientos?"

"Señor, estoy de acuerdo con Ernst, suicidio".

Noack dijo: "Caballeros, pensamos igual. Ernst, ve a decirles a los hombres que limpien lo mejor posible. Rudy, prepara una bandera blanca que esté en un poste de al menos cuatro pies de largo. Encabezaré una columna de dos con Rudy y Otto primero con nuestra bandera blanca. Todas las armas se colgarán sobre los hombros izquierdos apuntando al suelo. Ernst, estarás a la izquierda de la columna manteniéndolos en paso y tal vez cantando una de nuestras canciones de marcha cuando nos pongamos al alcance de la mano de los yanquis".

Ernst sonrió y admiró la orden. Pensó para sí mismo, la vieja liebre es lo suficientemente inteligente como para saber que es una situación imposible y nos está salvando lavida; sin embargo, está lo suficientemente orgulloso como para marcharnos como soldados que hicieron todo lo posible por su país. Él respondió: "Señor, estoy de acuerdo, y ha sido un honor servir bajo su 2 1.000 con Rudy y Fritz".

Noack dijo: "Gracias. No hay prisa, pero preparémonos para salir unas 1700 horas. ¿Cuál es la fecha en que termina nuestra guerra?"

Ernst respondió: "Señor, es el 10 de mayo de 1945".

Noack pensó y dijo: "Que así sea. Que Dios esté con nosotros. "

LA RENDICIÓN

Después de que Noack y sus suboficiales regresaron al pequeño campamento, Noack les pidió a los hombres que escucharan con atención. Habló como un padre a sus hijos jóvenes e inexpertos;only había sido un prisionero de guerra antes en la Primera Guerra Mundial. Les dijo que su guerra había terminado, pero que la terminarían luciendo como soldados lo más afilados posible, con la cabeza alta, al paso, y cantando una de suscanciones de marcha noofensivas pero patrióticas. Les dijo que arrojaran cualquier arma no emitida y contrabando en la zanja de hendidura y la llenaran bien, cubriéndola con troncos y maleza. Les dijo que probablemente separarían a los oficiales de sus hombres. Ordenó: "Quédate con tu grupo y obedece a tus suboficiales. Si están separados, obedezca a su hombre alistado mayor. Si no, estarás solo o como una turba indisciplinada, ¡y ese no somos nosotros! "

El grupo Noack rompió el campamento por última vez a las 1200 horas del 10 de mayo de 1945 y marchó con orgullo, cantando cuando Fritz les dio la señal con su maldito canto de pájaro. El canto tenía varios propósitos pensados por Noack. Las tropas estadounidenses sabrían que no fue un ataque y tal vez quitarían los dedosde los gatillos. Daría a sus hombres un sentido de orgullo cuando terminara su guerra, y podría animar a los hombres que ya estaban bajo la custodia de su enemigo.

De repente marcharon hacia un área que había sido despejada en todas direcciones por los yanquis para darles un campo de fuego claro desde el frente y ambos lados. Noack le dijo en voz alta a Ernst que detuviera la columna con Otto sosteniendo la bandera blanca en alto y claramente visible desde todas las posiciones de los Estados Unidos. Se quedaron en silencio ante la atención como los orgullosos soldados que eran. En un minuto, un joven capitán estadounidense con un brazo lateral solo caminó hacia ellos acompañado por un capitán alemán(Hauptmannn)que ya no estaba armado.

El oficial estadounidensese dirigió a Noack, "Teniente, entiendo más alemán de lo que hablo, así que le pediré a Hauptmann Weichert que explique nuestros procedimientos".

Noack respondió: "Gracias, señor. Entiendo".

Hauptmannn Weichert habló de hecho. "Oberleutnant, llegas tres días tarde".

Noack parecía perplejo y respondió: "¿Señor?"

El Capitán declaró: "La guerra terminó hace tres días. Nos rendimos el 7 de mayo de 1945".

Noack preguntó: "¿Compiegne, señor?"

Hauptmann Weichert se rió y dijo: "No, no creo que al general Eisenhower le importara nuestro desacuerdo de siglos con Francia sobre Alsacia".

Cuando el Capitán Estadounidense escuchó que se hablaba

del nombre del Comandante Supremo Aliado, pidió una explicación. Hauptmann Weichert explicó cortésmente, y el Capitán también se rió y le dijo a Noack: "Él es todo negocio, no mucho tiempo para la historia. Todos queremos llegar a casa como tú".

Noack respondió: "Sí, señor", y preguntó: "¿Puedo permitir que mis hombres se mantengan a gusto?"

"Ciertamente."

Noack asintió con la cabeza a Ernst, quien les dio la orden: "A gusto".

El Hauptmann luego ordenó a Noack que sus hombres caminaran uno a la vez hacia una mesa a su izquierda y entregaran todas sus armas. Un empleado registraba su nombre y unidad y otro soldado estadounidense vaciaba toda la munición y cualquier otra munición de cada hombre. Los rifles se apilarán y luego los hombres se moverán a la mesa de la derecha para su foto, y luego pueden sentarse en el claro de la izquierda hasta que todos estén presentes.

Luego dijo: "Oberleutnant, usted y sus suboficiales irán a la mesa entre la mesa de la izquierda y la del centro y nos darán sus pistolas ametralladoras y armas laterales. ¿Sin granadas?"

"No se fue ninguno, señor", respondió Noack.

El capitán estadounidense le recordó a Hauptmann Weichert que el comandante del campamento hablaría con Noack a las 1000 horas del día siguiente. Entre ahora y entonces, pueden después dedesancar, obtener ropa fresca, comer una buena comida y descansar".

El Hauptmann explicó la agenda a Noack cuando el capitán estadounidense se acercó a Otto y aceptó la bandera blanca, devolvió el saludo de Otto, se volvió y regresó a la entrada del campamento cuando Noack y su pequeño comando cayeron en la rutina según lo ordenado por el capitán estadounidense.

Además de lo que el Capitán había descrito, a todos se les dio un paquete de cigarrillos estadounidenses. Para los hombres que fumaban, era como inhalar terciopelo en comparación con el tabaco muy duro en los cigarrillos bolcheviques. Los hombres de Noack no estaban contentos, pero estaban en paz y descansaban un poco sin preocuparse por ser asesinados mientras dormían. Por la mañana escucharon una corneta sonando reveille. A todos se les permitió comer un abundante desayuno juntos. Después, Noack limpió un poco más para su interrogatorio por el Comandante del Campamento a las 1000 horas.

El Oberleutnant se reportó en el Cuartel General del Campamento alas 0 955 horas y se le dijo que estuviera sentado. A las 1000 horas,precisamente a tiempo, fue mostrado en la oficina del Comandante del Campamento. Un hombre de su edad, un LTC,el Oberleutnant saluted y el LTC le devolvieron su saludo y le dijeron que se sentara. El LTC hizo que un empleado les trajera a ambos una taza de café. El LTC luego pidió a todos que se fueran y cerraran la puerta. Noack no sabía qué esperar, pero estaba disfrutando del café caliente.

El LTC habló primero. "¿Cómo es que tienes mi edad y solo eres un primer teniente?"

Noack respondió en su mejor inglés que había sido un joven alistado en la Primera Guerra Mundial, y después de la guerra se convirtió en policía en la República de Weimar mucho antes del

Tercer Reich. Continuó explicando que fue a la escuela de leyes y se convirtió en un Magistrate. También explicó que fue llamado a la Wehrmacht Heeras un Maestro / Sargento en 1939 y que estaba casado y tenía un hijo en ese momento, ahora dos hijos. Noack declaró: "La Wehrmacht me envió de vuelta a estudiar derecho militar en 1943. Fui ascendido a Oberleutnant al graduarme y asignado a la 22ª División como oficial legal, y aquí estoy, señor".

Noack no habría dado toda esta información, pero la guerra había terminado. Esperaba obtener más para sus hombres.

El comandante del campamento estadounidense, con su acento sureño, le preguntó a Noack si había luchado en Belgrado. "Escuché que era un baño de sangre en ambos lados".

Noack respondió: "Yo también escuché eso, señor. Fui oficial legal en Creta en septiembre de 1944. Fuimos a Atenas y más tarde cerca de la frontera yugoslava. Fue a mediados de octubre cuando cruzamos a Yugoslavia y nos movimos a través del país en ruta a Sarajevo, liberando a los soldados atrapados de la Wehrmacht en el camino. Nos empantanamos en intensos combates al sur de

Belgrado. Logramos liberarnos y cruzar el Drina hasta la seguridad y Sarajevo".

El Comandante del Campo irrumpió y sorprendió a Noack con la información que ya tenía sobre su marcha de Sarajevo a esta posición, diciendo: "Oberleutnant Noack, sacar diecinueve de veinte jóvenes heridos que caminaban aquí con un escuadrón de ocho es un logro infernal; Los saludo. Estoy seguro de que habrá muchos padres y esposas alemanes felices".

Noack se quedó sin palabras, pero logró un asentimiento y "Gracias, señor". Cuando Noack salía de la oficina del Comandante, escuchó al Comandante decir en voz alta en su teléfono de campo: "¡Todo es un SNAFU!" Cuando Noack habló con Ernst, le preguntó: "¿Qué es un SNAFU?" Ernst respondió: "Herr Oberleutnant, no tengo idea".

LA TRAICIÓN

A la mañana siguiente, Noack fue llamado a la oficina del Comandante del Campamento. El LTC le aconsejó que se sentara y "tomara un café. Tengo malas noticias".

"Oberleutnant Noack pensó",los días 8 y 9 de mayo esta unidad estaba haciendo precisamente lo que se afirma en los panfletos esparcidos por todo el terreno yugoslavo e italiano en el camino a la rendición". El comandante del campamento preguntó: "¿Has leído el panfleto?"

"Sí, señor, dos veces".

El Comandante del Campamento continuó: "Lo siento y es una vergüenza llorar, pero mis órdenes fueron cambiadas ayer por la tarde por una orden directa de SHAEF (Cuartel General Supremo delasFuerzas ExpedicionariasAliadas). Oberleutnant, no desobedeceré la orden".

Continuó: "Off the record, probablemente sea la política de posguerra de D.C. Su médico será reabastecido con suministros médicos después de su almuerzo. Dile a tus hombres que coman abundantemente y llenen sus bolsillos con pan, ya que no controlaré tu cuidado después de 1400 horas hoy".

Noack se sintió enfermo del estómago, sabiendo lo que había

temido todo el tiempo: él y sus hombres convirtiéndose en prisioneros de guerra rusos (soviéticos) o de Tito.

Noack preguntó: "Señor, ¿a quién nos entregan a las 1400 horas?"

El Comandante del Campamento ofreció otra taza de café. Noack dijo: "Gracias, señor".

El LTC dijo: "Serás entregado a los representantes de Tito que llegarán en camiones para sus guardias. Serás llevado por las carreteras principales que se dirigen por la cuenca del Sava hacia Yugoslavia".

"¿Seremos nosotros?"

"No, son todos los que tenemos aquí. Recogerán a más soldados de la Wehrmacht detenidos en el camino".

Noack preguntó: "Señor, ¿conoce nuestro destino final?"

"No. Sabes tanto como yo ahora".

"Señor, ¿pueden mis hombres dejar cartas a sus casas para que las envíen por su unidad a nuestras familias para que sepan que somos prisioneros de guerra?"

"Por supuesto, Oberleutnant. Les haré llegar la palabra a todos los prisioneros de guerra de que pueden dejar cartas a casa en una caja antes de que salgan de nuestro complejo".

Noack agradeció al Comandante y pidió permiso para hablar con sus hombres para explicar la situación antes de su almuerzo.

"Ciertamente. Voy a veral joven Capitán contigo".

Noack se puso de pie y saludó, diciendo: "Gracias, señor, por su ayuda con mis hombres".

"De nada, y buena suerte. Caminaré contigo hasta que vea al Capitán".

Salieron de la oficina del Comandante y el LTC envió al Capitán mientras Noack usaba la letrina. Cuando salió de la letrina, el LTC ofreció un apretón de manos y Noack le estrechó la mano, luego se fue con el Capitán, quien explicó alguna información a los hombres reunidos en el patio frente a la oficina del Comandante. El Capitán dejó las cosas complicadas a Noack. Cuando terminaron, Noack les aconsejó que esperaran con el Capitán. El Capitán conseguiría a Noack con un subaficial que lo llevaría a él y a Hans a suministros médicos para reabastecerse y luego regresar a la unidad mientras el resto permanecía en su lugar.

Antes de partir, el Oberleutnant Noack se dirigió a sus hombres, diciéndoles que se abastecieran de pan y galletas saladas, ya que no sabía cuándo sería su próxima comida, y que también escribieran cartas a casa y las depositaran en una caja en la puerta cuando partieran a las 1400 horas.

Ernst preguntó: "¿A dónde vamos, señor?"

Noack fue al grano, respondiendo "Yugoslavia".

Su corazón se hundió mientras veía a sus hombres marchitarse frente a él. Noack habló: "No será tan malo como nuestro viaje. El clima será más cálido. El comandante del campamento piensa que marcharemos por la carretera principal a lo largo de la cuenca del río Sava, y es cuesta abajo todo el camino.

Sus espíritus se levantaron un poco, pero Noack sabía que esperaban, como él, que serían prisioneros de guerra en Alemania. Noack continuó: "Estamos vivos. Nadie nos disparará, pero estaremos seguros de que recibiremos abucheos a lo largo del camino, pero los abucheos no nos impedirán llegar a casa eventualmente. Ayúdense unos a otros y usen su cerebro cuando respondan a su autoridad. Por lo que dijo el LTC, elgeneral Alfred Jodl y el almirante Friedeburg firmaron la rendición incondicional el 7 de mayo de 1945. Debemos cumplirlo".

Otto levantó la mano. "Señor, ¿por qué el Feuhrer no lo firmó? ¿Puede que no esté de acuerdo?"

Noack respondió: "El Führer está muerto. La guerra ha terminado. Debemos aceptarlo. Somos liberados de cualquier juramento o promesa que hicimos. Ahora solo nos debemos nuestra lealtad unos a otros hasta que llegamos a casa. Vamos a comer una buena comida y luego escribamos a casa diciéndoles a nuestros seres queridos que sobrevivimos y que seremos prisioneros de guerra en Yugoslavia. Estoy seguro de que nuestro nuevo gobierno negociará con el mariscal Tito para nuestra liberación, ya que negociarán con otras naciones aliadas para nuestras liberaciones de Kameraden. Mantengan sus cabezas, obedezcan sus órdenes, ayúdense unos a otros y llegaremos a casa".

Noack luego le dijo a Hans: "Después de reabastecerte y comer, reúnete con nosotros para escribir tu carta a casa. Debemos estar en formación en el patio por 1330 horas. "

EL VOLUMEN DE NEGOCIOS A YUGOSLAVIA

Después de su último almuerzo caliente completo durante muchotiempo, se dirigían a las tiendas que les asignaron, Ernst le preguntó a Noack en privado si le habían preguntado sobre el puente. Noack dijo: "Ni una sola pregunta. ¿Qué hay de ti y de los demás con conocimiento directo?"

"Nada, señor".

"Bien. Los diecinueve no saben nada. Solo cuatro tienen conocimiento directo, cinco pueden tener conjeturas, pero no admitimos nada. Corrió la voz uno por uno en privado de que escuchamos rumores en Sarajevo sobre la volada de algún puente y pensamos que algunos de nuestros Kameraden que habían luchado en Belgrado podrían haber regresado y haberlo hecho. Cuando salimos de Kragujevac, nos mudamos lo más rápido posible al Drina y Sarajevo. Nunca volvimos. No nos importó un bledo lo que había detrás de nosotros".

"Sí, señor, lo consiguió. Pasaré a aquellos que necesitan saber".

"Gracias, Ernst. Si nos separan, tú estás al mando. Cuídalos".

"Lo haré, señor".

En 1330 con letras en sus bolsillos laterales en su nueva ropa de prisionero de guerra y calcetines nuevos y broganes nuevos, se quedaron a gusto con Noack al frente frente a la plataforma del Comandante del Campamento. En 1420 fueron llamados a la atención, y él les dijo que se mantuvieran a gusto. Luego les dijo: "Los camiones están retrasados, pero los oficiales del estado mayor han llegado. Llamaremos a las unidades en el orden en que se rindieron. Al salir, hay barriles de agua dulce con cubículos. Bebe si quieres. Deje las cartas en la caja grande etiquetada U.S. Mail. Publicaremos su correo por la mañana. Buena suerte".

El Comandante salió de la plataforma rumbo a reunirse con el Comandante yugoslavo y los oficiales de Estado Mayor.

El joven capitán con el que todos se habían reunido con la

Wehrmacht Hauptmann apareció en la plataforma y llamó a la colección de unidades pequeñas y una unidad del tamaño de un batallón en el orden en que serían llamados. La unidad de pequeño tamaño de Noack y su número serían los últimos en el orden de facturación. Cuando se les llamaba, su oficial o suboficial superior se reportaba al escritorio y llamaba a cada hombre para que iniciara sesión y se le emitiera una tarjeta de identificación temporal. El Hauptmann alemán repitió cada declaración del capitán estadounidense en alemán. Además, advirtió: "Somos prisioneros de guerra; el comandante yugoslavo ha dicho que cualquier prisionero que pierdasu tarjetade identificación temporal antes de que se le emita su tarjeta de identificación permanente será juzgado por destruir la propiedad del gobierno y se le dará tiempo adicional para servir".

En el momento en que aproximadamente más de quinientos soldados habían abandonado el complejo, Ernst estaba en la retaguardia ya que Noack estaba frente al último grupo en abandonar la custodia de los Estados Unidos. Eran 1700 horas. Noack saludó y llamó a sus hombres a las mesas uno por sesión.

Cuando terminaron, cayeron en la parte trasera de una formación larga, cuatro de ancho con Noack en la parte delantera a la derecha y Ernst en la parte trasera a la izquierda.

Los prisioneros de guerra alemanes fueron llamados a la atención y partieron detrás de los guardias yugoslavos, que generalmente cambiaban de turno periódicamente y se subieron a la parte trasera de sus camiones para descansar. El oficial superior y un conductor estaban en un Jeep estadounidense con marcas yugoslavas corriendo por la carretera mirando la formación.

Sólo había unos pocos oficiales de Tito. Los guardias eran todos los partisanos comunistas. Todos comenzaron hacia el sureste, siguiendo la ruta creada por el río Sava. Era mucho más fácil ir cuesta abajo en una calle que en senderos de animales que subieron con posible fuego de francotiradores. Los animó un poco. Los francotiradores nunca hirieron a ninguno de los hombres de Noack. Fritz simplemente los movió en la dirección opuesta a otro sendero que va hacia el noroeste. Fritz había visto lugares donde el cuerpo principal de la 22ª División había estado involucrado en pequeños ataques hacia el noroeste, pero no habían visto los lugares ya que siempre estaban desviados por senderos alternativos, gracias a Fritz o Max.

A pesar de que era una ruta más fácil, nos movimos muy lentamente después de obtener agua caliente y, si tenía suerte, café hecho de moliendas viejas usadas del café de los guardias y trozos de pan rancio sobrantes de su última cena. El almuerzo era agua azucarera para darles energía y algún tipo de repollo caliente o remolacha roja. La cena era después de que los guardias comía y generalmente era un brebaje hecho en un guiso con todas sus sobras. Lo comimos para sobrevivir, pero miramos hacia atrás a nuestras medias raciones con cariño.

Nos movimos lentamente no por nosotros, sino porque los guardias no tenían prisa. Como antes, los partisanos renunciaron temprano y establecieron sus campamentos. Nos harían usar excavadoras de postes para colocar postes para alambre de púas a unas 1600 horas diarias para un área lo suficientemente grande como para que todos nos acuestemos con zanjas de hendidura en las cuatro esquinas. Cuatro guardias armados caminaban entre sus puestos. Entonces comenzaron sus fogatas y el alcohol fluyó. Dormimos en el suelo con una manta cada uno.

Nuestra pequeña unidad se quedó unida, y Hans nos revisó cada vez que tuvimos una queja. Algunas de las otras unidades todavía tenían sus médicos, también. Venían e intercambiaban artículos médicos dependiendo de las necesidades de sus hombres. Ocasionalmente, todos ellos se reunían en el área utilizada por nuestro grupo, ya que aprendieron que podían hablar libremente entre ellos allí.

La marcha hacia Belgrado continuó a paso de caracol. Los pocos oficiales de Tito nos habían dejado al Comandante de los Partisanos Comunistas Yugoslavos en la mañana del 13 de mayo de 1945. Mientras nos mantuviéramos callados y a nosotros mismos e hiciéramos lo que nos ordenaron, no nos prestaron mucha atención. Nuestro gran grupo era de unos quinientos hombres. A nuestrolado, como mejor pudo averiguar Ernst, había unos doscientos más de la 22ª División que no habían llegado a Austria. Nadie sabía realmente qué había pasado con el cuerpo principal de la 22ª División. Los otros trescientos más eran de pedazos de otras unidades de las fuerzas deWeichs que habían enviado para formar el Grupo de Ejércitos de Serbia.

A medida que avanzaban hacia Belgrado, los Jeeps detenían la marcha y esperaban hasta que otros prisioneros de guerra pudieran unirse a nuestros quinientos originales. Recogimos oficiales, suboficiales y nos alistamos por debajo del rango de cabo. Crecimos en tamaño por semana. El oficial más alto en el grupo original era un Colonel. Antes de que otros oficiales se unieran al grupo, el oficial de más alto rango solo tenía reuniones semanales con todos los oficiales. A medida que el Cuerpo de Oficiales crecía, se reunían dos veces por semana después de que se estableció el campamento y nuestros captores estaban en su comportamiento laxo. Avanzamos lenta pero constantemente en dirección sureste cerca del Sava.

A finales de junio, habíamos recogido otros doscientos prisioneros de guerra, unos cincuenta oficiales de grado de la compañía, algunos oficiales de campo de nivel inferior, suboficiales y alistados. Esto incluyó a cinco oficiales de grado de la Compañía

Italiana y dos suboficiales italianos. Durante las breves reuniones informales de oficiales dos veces por semana, los nuevos oficiales transmitieron el rumor de que todos los alistados y la mayoría de los subalternos se llevarían a cabo en Novi Sad y los oficiales continuarían hacia Belgrado. Noack pasó esta información a Ernst, su su sudoficial mayor. Si esto sucediera, él estaría al mando de los hombres. Se les ordenó que se mantuvieran en estrecho contacto, con conversaciones diarias, después de que se estableciera el campamento y los partisanos se relajaran. Como la guerra había terminado, no tenían el deber de tratar de escapar. ¿Por qué ser asesinado cuando la guerra había terminado? Noack instruyó a Ernst para que los mantuviera juntos, cumpliendo con las demandas de sus captores. Le dijo a Ernst que les explicara que no habían sido olvidados y que Noack sabía en su corazón que el nuevo gobierno alemán los sacaría a tiempo. Habría algún tipo de consideración política exigida y pagada, ¡luego nos iríamos a casa! Ernst entendió y prometió que haría todo lo posible para mantenerlos juntos y obedientes hasta que llegara ese momento.

A principios de julio de 1945 d.C., cuando se acercaban a Novi Sad, estaban recibiendo de ocho a nueve horas completas de luz diurna, y la temperatura era cómoda con una humedad tolerable. Como se predijo, en las afueras de Novi Sad, el grupo serpenteante de prisioneros de guerra se detuvo. A los suboficiales y alistados se le ordenó abandonar el grupo y volver a reunirse en un parque a nuestra derecha, mientras los oficialesestabanen su lugar. Los suboficiales se hicieron cargo de sus pequeños grupos de inmediato y los pusieron a todos en formación en el parque.

El comandante partisano se acercó al sargento / mayor de la Wehrmacht (Hauptfeldwebel) y le ordenó que le dijera al grupo que se sentara. Se quedarían en Novi Sad. El Comandante luego se volvió y dio una señal para que los oficiales se iniciaran en su camino. Cuando el grupo más pequeño comenzó hacia Belgrado, muchos de los suboficiales y hombres alistados gritaron: "Buena suerte". Nunca volvieron a ver a estos oficiales hasta después de que los que sobrevivieron fueron devueltos a su Patria por un precio.

Mientras avanzaban, los oficiales no pudieron evitar

reconocer que la infraestructura del condado estaba en pésimas condiciones y empeoró a medida que avanzaban hacia el sureste. Los ciudadanos también se empobrecieron.

A finales de julio, habían recogido a muchos más oficiales en el camino. Llegaron a Vršac a finales de julio de 1945, AD. Evidentemente, los oficiales habían sido traídos aquí de todo este teatro de operaciones. Noack había memorizado el recuento como cinco mil oficiales de la Wehrmacht, quinientos oficiales austriacos y trescientos oficiales italianos el día que llegaron.

Los oficiales fueron retenidos en Vršac en un gran campo de prisioneros de guerra. Durante el día se utilizaron para reparar carreteras y otras infraestructuras de la zona. Todos los oficiales se habían enterado de que todos los hombres y suboficiales alistados estaban siendo liberados después de la "reeducación", que duró de seis meses a un año. Esta fue una información alentadora.

Más tarde fueron trasladados a una cárcel militar en Belgrado. Aquí fueron interrogados sobre la pertenencia al Partido Nazi. La mayoría de los oficiales de Grado de Compañía no tenían más conexión con el Partido Nazi que los oficiales de Grado de Compañía de otros países tenían con los líderes políticos en sus respectivos gobiernos. Si lo hubieran hecho, no serían un oficialde grado de la compañía. De hecho, muchos de los oficiales de campo y de grado general tenían una gran aversión por la política en el ejército. ¡Les molestaba especialmente la microgestión de la planificación militar por parte de los políticos!

En cualquier caso, todos fueron interrogados sobre la pertenencia al Partido y atrocidades reales e inventadas. Si después de varias sesiones con su equivalentede la GESTAPO o la NKVD, si no admitiste una de estas atrocidades reales o ficticias, te dieron una versión temprana del submarino hasta que te rompiste. Si no rompías y firmabas una admisión, te sacaban por la puerta del patio y te disparaban. No trial. From el submarino, salir por la puerta, y disparar.

Noack, siendo mucho mayor que los otros oficiales, discutió este procedimiento de ejecución y losalentó a aceptar después del submarino firmar sus malditas confesiones falsas. Les dijo que habría muchos registros para probar más tarde que participaron o no en crímenes de guerra. La gran mayoría estuvo de acuerdo. De los quinientos ochocientos oficiales, unos doscientos fueron ejecutados sumariamente; cinco mil seiscientos firmados. Todos fueron condenados por el tribunal de Tito el 6 de diciembre de 1949 como criminales de guerra. Fueron condenados a otros veinte años de prisión en trabajos forzados. Volvieron a las carreteras de Yugoslavia resolviendo sus sentencias; mejor que estar muerto.

En 1952, Alemania estaba en camino a la reconstrucción bajo el liderazgo del canciller Konrad Adenauer, el primer Bundeskanzler. Era una república más pequeña ya que Alemania estaba dividida en Oeste y Este en la zona comunista y Berlín todavía era una ciudad dividida dentro de la zona comunista.

Alemania Occidental estabamejorando. As Noack le había dicho a sus hombres,eldeber del heredero era ayudara reconstruir. Nunca había imaginado que el país que amaba se dividiría en dos. Pensó en cómo los soviéticos habían tomado la mitad de Polonia sin ninguna ayuda real en la lucha. Políticamente Stalin no era tonto. Noack no lo sabía en ese momento, pero en realidad estuvo de acuerdo con el general estadounidense George Patton, quien después de la guerra hasta su muerte pensó que los estadounidenses tenían más en común con los alemanes que nosotros con los comunistas, específicamente los rusos. Patton había trabajado estrechamente con líderes cívicos alemanes en su área. Patton tenía las cosas funcionando muy bien. De hecho, muchos de los líderes cívicos alemanes se habían hecho amigos de su antiguo enemigo. Esto preocupó a los altos oficiales estadounidenses en SHAEF. Dado que los detalles del accidente de tráfico de Patton se eliminaron de todos los archivos y no se realizó una autopsia en el cuerpo del general Patton, es posible que nunca sepamos los hechos.

Noack pensó,después de hablar extensamente antes con el LTC que estaba al mando del campamento estadounidense donde rindió a sus hombres, que no seguir las promesas del panfleto estadounidense no era culpa del LTC. Sabíaque el LTC no tenía otra opción, no más de lo que tenía cuando fue llamadoal Ejército en 1939. Politics y consideraciones económicas,¡como de costumbre!

15

LIBERACIÓN Y REGRESO A UNA ALEMANIA DIVIDIDA

En enero de 1952, AD, los primeros prisioneros de guerra de los aproximadamente cincuenta y cuatrocientos que sobrevivieron con Noack fueron intercambiados por camiones cargados de suministros de construcción. Tito necesitaba estos suministros para la infraestructura de Yugoslavia y los obtuvo de Alemania Occidental. Así, después de casiun año ymedio de trabajos forzados en Yugoslavia y casi dos años y cinco meses desde que fue llamado al ejército alemán, Herr Kurt Noack fue uno de los primeros intercambiados por Yugoslavia. Noack y los otros afortunados ex prisioneros de guerra fueron interrogados en Alemania Occidental y reclasificados y se les emitió una identificación civil. Fueron llevados a Marburgo en Hesse, Alemania, para su hospitalización. El resto de los aproximadamente cincuenta y cuatrocientos hombres que sobrevivieron (se estima que doscientos fueron ejecutados y unos doscientos murieron de enfermedades), fueron intercambiados por material de infraestructura a fines de 1953. La mejor suposición de Noack del total liberado fue de unos cincuenta y tantos denuestros cien hombres. Un puñado de oficiales de mayor rango fueron entregados a otras autoridades aliadas para una mayor investigación. Alrededor de doscientos habían muerto de causas naturales debido a dietas deficientes y trabajo físico más allá de su capacidad física.

Herr Kurt Noack fue dado de alta del Hospital de Marburgo a finales de mayo de 1952, y con su nueva identificación civil se le permitió cruzar a Alemania Oriental y regresar a Cottbus, pero su familia ya había comenzado su traslado al oeste. Regresó a Berlín, donde tenía algunos amigos y familiares. Su tiempo en Cottbus y una visita a Guben lo convencieron de que el Este estaba mucho peor que el Oeste.

Mientras estaba en checkpoint Charlie en Berlín Occidental en el camino de regreso al oeste, Herr Noack le preguntó a un sudoficial estadounidense en un descanso para fumar: "¿Qué es un

SNAFU?" Riendo a carcajadas, el suco sudoficial respondió: "No puedo decírtelo, Opa; es un secreto militar".

Mientras trabajaba en trabajos diurnos aquí y allá por pequeños salarios, siguió moviéndose hacia Schotten, donde le dijeron que su esposa, Johanna, Hans-Jürgen,su hijo, y Hannelore Heidi, su hija, estaban. Llegó a Schotten a principios de 1956. A los alemanes con familia separada por la nueva frontera de Alemania Oriental y Occidental todavía se les permitía viajar de ida y vuelta. Noack pensó que lo mejor para su familia era estar en Occidente permanentemente. Sus amigos que todavía estaban en el Este lo mantenían altanto a través de familiares que viajaban de que estaba empeorando.

Él y Johanna seleccionaron un pintoresco y antiguopueblo, Friedberg (Hesse) que había sido amurallado siglos antes como su nuevo hogar. La mudanza se completó en 1956. Hans-Jürgen estaba cumpliendo veintidós años y Hannelore se acercaba a los quince. Había extrañado la mayor parte de su infancia y adolescencia, pero estaba decidido a hacer un buen hogar para ellos y especialmente para Johanna, que había mantenido a su familia unida y segura.

Como veterano de la Wehrmacht Heer de la Primera Guerra Mundial y la Segunda Guerra Mundial, obtendría una pequeña pensión y todos los gastos médicos de por vida. Finalmente encontraron un bonito apartamento moderno en Friedberg (Hesse). Hans-Jürgen había completado la escuela y siguió los pasos de su padre, convirtiéndose en un administrador público del gobierno. Ascendió a lo largo de los años. Se casó con LisaLotte y tuvo hijos. Su padre, Herr Noack, finalmente fue informado por un soldado estadounidense de lo que significaba SNAFU.

Hannelore se quedó con sus padres y terminó la escuela secundaria.

Trabajó durante varios años redactando para la oficina de minería del carbón que estaba cerca. Finalmente se fue a trabajar como oficinista en el concesionario local de Volkswagen. Aquí conoció al sargento Robert Spangler en 1965. Salieron y en otoño de 1965, ella lo invitaba a cenar a casa con sus padres, Herr Kurt y Johanna Noack. Se casaron en enero de 1966. El sargento Spangler estaba programado para rotar a su próxima asignación en el Ejército en diciembre de 1966, por lo que hizo arreglos para que su esposa embarazada volara de regreso a Columbia, Carolina del Sur, en septiembre de 1966. Fue recibida en el aeropuerto por Shirley y Dennis Snyder, tío y tía del sargento Spangler. La llevaron a la casa del Sr. y la Sra. Stephen D. Snyder, Sr., sus abuelos. Hannelore fue recibido por su abuela, Tracy LaLoneSnyder, y se sintió bienvenido. Su abuelo estaba en una unidad de vida asistida cercana. Steve Snyder, Sr., era un hombre trabajador que se había retirado de tres trabajos. Él y su maravillosa esposa habían criado a seis hijos a través de dos guerras mundiales y una depresión. Acababa de quedárse sin vapor como muchos de nosotros finalmente lo hacemos. Hannelore encajó perfectamente y sintió el amor genuino que recibió de los familiares de Carolina del Sur.

Hannelore dio a luz a Francis Kurt Spangler el 18 de octubre de 1966. Sumarido, su padre,estaba ausente. Más tarde se enteró de que había sido informado del nacimiento de Frank por un amable CWO, el Sr. Freddie L. King, quien se había tomado el tiempo para localizar a este Sargento de Reconocimiento. Encontró a Spangler en una zanja cubierta de nieve a altas horas de la noche en el campo cerca de Fulda.

Dos meses después, mientras todos dormían en la casa de snyder, el sargento Spangler llegó después de conducir desde Charleston, donde había aterrizado su avión desde Alemania. Después de una semana de licencia y la oportunidad de visitar a su esposa, su bebé y muchos otros familiares, especialmente su abuelo, los tres Spanglers se fueron de Volkswagen a Fort Rucker, Alabama, para su última asignación de servicio.

La familia Noack en Friedberg naturalmente extrañaba a su hija, pero las contingencias de la vida se hicieron cargo y el tiempo pasó. Hannelore se consoló al saber que su hermano y la familia vivían juntos y ella se mantuvo en estrecho contacto.

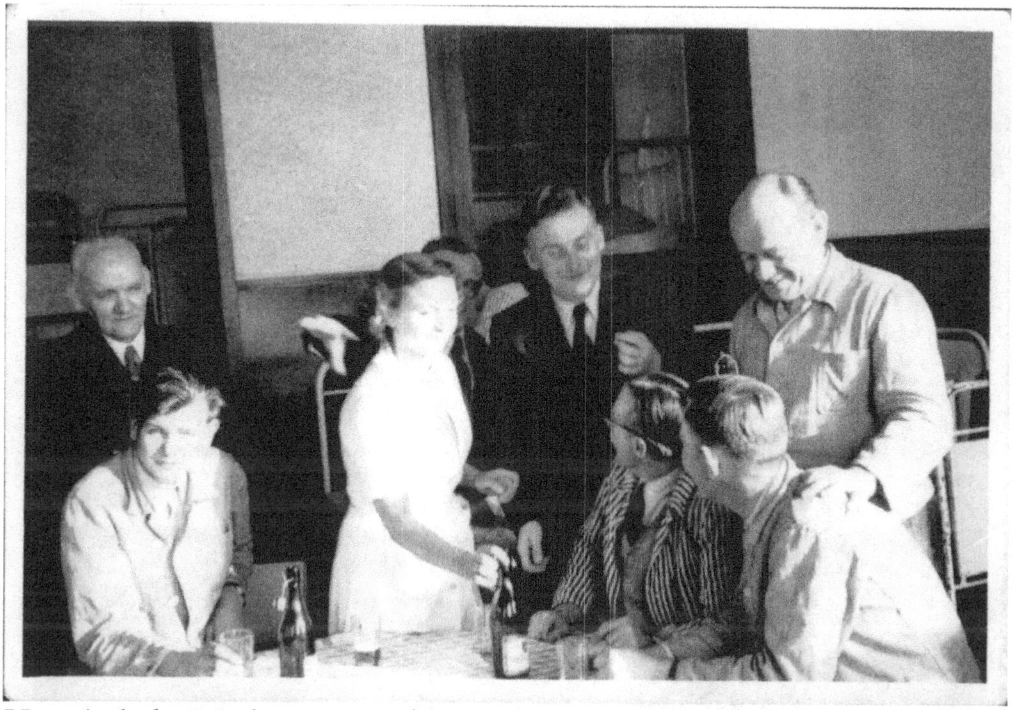

Hospital de Marburgo en Alemania Occidental después del centro de reclasificación

Hospital de Marburgo, Oberleutnant Noack sentado primero a la izquierda

Centro de Reclasificación. Compañeros oficiales de la Wehrmacht, prisioneros de guerra yugoslavos liberados, en el centro de reclasificación de Alemania Occidental antes de la reclasificación, fueron liberados por Tito a cambio de materiales de construcción del Bundeskanzler Konrad Adenauer, enero de 1932.

Foto oficial de Alemania Occidental del civil Herr Kurt Noack, de más de cincuenta años, para la tarjeta de identificación requerida

16

REUNIONES CON KAMERADEN

El ex Oberleutnant Kurt Noack hizo preguntas sobre los sobrevivientes de todas las divisiones Den lasque había servido y ayudó a otros veteranos a establecer reuniones mensuales y anuales. Cuando no participaba en estas actividades, leía artículos, ensayos y libros sobre los acontecimientos de la guerra. Se quedó absolutamente atónito cuando se enteró de que Polonia no había atacado a Alemania, que había sido un evento falso por un especialista en operaciones negras asignado a esta tarea por el SD en Berlín. Leyó sobre las atrocidades que se rumoreaban al final de la guerra. Había estado tan ocupado tratando de salvar a los hombres porque él era responsable y él mismo que no había prestado ninguna atención hasta ahora. Como cualquier persona religiosa, estaba profundamente entristecido. También sabía que la gran mayoría de las tropas de la Línea de Disposición de las SS Heer y Waffen no habían hecho estas cosas. Se hizo evidente más tarde que un pequeño porcentaje de Heer y un porcentaje mayor, tal vez el treinta por ciento, de las tropas de línea de las Waffen SS fueron transferidas lejos de sus asignaciones de combate normales para servir bajo las SS Políticas asociadas con el SD. La organización SD estaba llena de personas que constituyen el siete al ocho por ciento de los psicópatas, sociópatas y simplemente hombres y mujeres malvados que atraviesan todas las profesiones, razas, religiones y países. El alemán promedio no tuvo parte en estas cosas; tampoco el soldado, marinero o aviador promedio, no más que la familia aliada promedio, participó en las miles de violaciones, asesinatos y robos por parte de los mismos tipos de personas desquiciadas que estaban en sus ramas del ejército (el siete al ocho por ciento de los humanos).

Noack reflexionó sobre los judíos que habían muerto y se afligieron como lo hicieron otros que creían en Dios. También esperaba que los alemanes más jóvenes entendieran que la gran mayoría del personal de la Wehrmacht no estaba involucrado en nada más que servir a su país, al igual que la mayoría de los soldados aliados, con la excepción de las tropas de Stalin. Sus vidas también estaban en juego: Stalin los mataría si no cumplían las órdenes, al igual que Hitler había matado a nuestros oficiales, suboficiales y se había alistado cuando estaba disgustado. Los políticos y los ministros pueden hacer discursos elevados sobre los deberes morales de no obedecer órdenes. Ni en el antiguo ejército soviético ni en el ejército del Tercer Reich. Te dispararon. Se preguntaba cuántos de estos políticos y ministros más santos que tú habrían rechazado las órdenes y caminado hacia el muro. Él dijo: "No muchos, estoy seguro."

Estas cosas estaban en la mente de Noack y de otros veteranos. Discutieron estas cosas en sus reuniones. Disfrutaron sabiendo que estos Kameraden habían sobrevivido e intercambiaron sus historias.

En 1973, a Alemania Occidental le estaba yendo mucho mejor que a Alemania Oriental económicamente y se estaba convirtiendo en una potencia económica en la escena europea. El muro se había levantado en 1961 separando familias, ocho años después de la muerte del "tío Joe" Stalin.

A los niños estadounidenses durante la Segunda Guerra Mundial se les había enseñado a referirse a Stalin como el tío Joe, nuestroamigo. Noparecía que las políticas soviéticas hacia el mundo exterior no estaban mejorando mucho, sino que internamente habían sido asesinados desde la muerte de Stalin.

Bob y Hannelore Spangler con el joven Frank a cuestas llegaron a Friedberg,Hesse, en 1973 para visitar a sus padres y otros familiares. Fue la primera visita de Bob desde que rotó a Fort Rucker, Alabama, en diciembre de 1966. Fue la segunda visita de su esposa e hijo. Mientras estuvo allí, fue como en los viejos tiempos con Bob y el ex Oberleutnant de la Wehrmacht dando largos paseos después de la cena y hablando de la Segunda Guerra Mundial. También hablaron en interiores sobre las imágenes que había anotado y pidió más detalles de los eventos que habían discutido en el pasado. Noack estaba muy contento de que su joven nieto se sentara a escuchar mientras los dos hombres repasaba las experiencias de su abuelo. Antes de que se fueran a los Estados Unidos, ya que Bob era ahora profesor asistente de psicología en la Universidad Estatal de East

Tennessee y tenía clases para prepararse para el próximo semestre, renovó su promesa a Kurt Noack. Le daba todas las fotos, notas y cintas al joven Frank cuando tenía la edad suficiente. Todos estaban guardados en una caja de seguridad en su banco.

Al final de la visita de diez días con los Noacks, los trespanglers s partieron. Hannelore y Frank hicieron otras visitas, pero Bob solo vio a Kurt y Johanna una vez más en 1977.

Johanna y Kurt Noack murieron en la década de 1980 y no vivieron para ver la reunificación de Alemania. Están enterrados en Friedberg (Hesse).

Herr Kurt Noack saluda a los ex veteranos en una fiesta en un hotel de la zona. Kameradin todos!

Sargento R.S. Spangler conduciendo desde Ray Barracks a la casa de Herr Kurt Noack, finales del otoño de 1966

Ex oficiales de la Wehrmacht disfrutan de un almuerzo juntos en el área de Friedberg (Hessen).

17

FOTOS NO IDENTIFICADAS

Si su familiar o amigo sirvió en las Unidades de Disposición de la Wehrmacht Heer, Luftwaffe, Kreigs/Marine o Waffen SS, comuníquese con: The German Government Federal Records Office, Military Archives, Postfach 79024 Freiburg, Wiesentalstrasse 10, 79115 Freiburg, Deutchland; Teléfono 071 47817-0 O publicación de un veterano: Arbeidsgemeinschaft fur, Kameradenwerke und Tradstionerbande, e.v., Tirebringer Strasse 12-16, D-70178 Stuttgart, Deutchland; Teléfono 00-49-711-22CO620

Si encontró una foto de un familiar o amigo que estaba en Francia, Holanda o Dinamarca, comuníquese con los Archivos Militares en la capital de su país. No tenemos fotos de Polonia o Yugoslavia.

CAFE

EPÍLOGO

Herr Kurt Noack murió en 1982. Nunca sirvió ni conoció a los cuatro autores de obras autobiográficas sinceras que dan a los lectores la sensación de miedo, las emociones, la desesperanza arraigada en el combate masivo y la determinación de los soldados que dependen de sus oficiales superiores para tomar decisiones sabias. Herr Noack murió antes de que se publicaran estos cuatro libros, pero describió miedos, emociones y muertes similares durante sus entrevistas en 1965, 1966 y 1975. Herr Noack y estos autores lo cuentan como lo experimentaron otros humanos, no las descripciones nítidas y forenses como las presentadas por muchos historiadores.

Ensus sinceras memorias, *Blood Red Snow* (página 4), Koschorrek describe las dificultades para escribir una cronología precisa después de que hayan pasado muchos años. Este libro también es de las percepciones de cómo un soldado retirado de la Primera Guerra Mundial en 1939 experimentó los eventos de la Segunda Guerra Mundial hasta el 10 de mayo de 1945. Luego experimentó ser un prisionero de guerra hasta 1952. Nos ayudó la oportunidad de ir a utho repasar la línea de tiempo de losacontecimientos, detalles desde 1939 hasta mayo de 1945 como soldado y como prisionero de guerra de mayo de 1945 a 1952 durante entrevistas en 1965 y1966 and again in 1973 with Herr Noack.

En esta última entrevista con Herr Kurt Noack en 1973 se prestó especial atención a la última misión de la 22ª División de Infantería de Creta en septiembre de 1944 a enero de 1945 en Sarajevo, la misión especial a Šabac por Noack y un escuadrón de ocho mientras el cuerpo principal de la 22ª División de Infantería iba al sur de Sarajevo en una última misión de rescate de soldados atrapados de la Wehrmacht, mientras que Noack y su escuadrón fueron ordenados a Sabac, luego regresaron a Visegrád. Then a Sarajevo para encontrar la 22ª División había partido a Austria diez días antes.

El ex Oberleutnant Kurt Noack estuvo de acuerdo con los plazos, las batallas, la carrera a través de Yugoslavia hacia el río Drina, Visegrád,Sarajevo y la retirada hacia Austria en un intento de alcanzar a la 22ª División de Infantería.

Lalicencia de iteración L utilizada fue en la descripción de los tres días de R & R en Visegrád después de Šabac. Todo lo que Noack diría era que tenía la sensación de que lo peor estaba por venir, y quería que su escuadrón se relajara, descansara y disfrutara de sus jóvenes vidas con aliados civiles amigos. Quería que sus hombres estuvieran en mejores condiciones físicas y mentales cuando abandonaron Visegrád. Lo fueron.

La consternación sentida por Johann Voss (páginas 205 y 206), *Black Edelweiss,*como él lo describió, en una visita anual del Día de los Caídos a un cementerio en honor a amigos; soldados caídos cuando vio un disturbio por parte de jóvenes del movimiento por la paz alemán y la prensa. Fue un insulto inesperado de sus compatriotas alemanes tomados estoicamente. Incluso a los soldados de la

Bundeswehr se restringió la asistencia durante varios años, hasta que el Zeitgeist cambió. Noack también había descrito sentimientos de consternación.

En 1965 y 1966 Noack, desconociendo el incidente, o al menos Herr Noack no lo mencionó, expresó el mismo desdén por la juventud alemana actual en los años sesenta y los soldados de la Bundeswehr que había observado y con los que había hablado en Hesse. De hecho, había hecho una declaración sobre los soldados alemanes de la era de 1965 en Alemania tan rápidamente que más tarde su hijo, Hans-Jürgen, tuvo que traducirla para nuestras notas. Aproximadamente el soldado de la Primera Guerra Mundial y la Segunda Guerra Mundial y el oficial Heer desde finales de 1943 hasta el 10 de mayo de 1945 dijeron: "Los soldados alemanes actuales que veo en Hesse no son lo suficientemente buenos como para llevar las correas de jock de la Wehrmacht Heer o las tropas de primera línea de disposición". Lo había opinado antes sobre el SD, que vestía como soldados pero no lo eran. Cuando se le preguntó sobre esto en 1973, declaró que no estaba comparando los dos en términos de psicopatología SD, solo que ambos serían soldados débiles de primera línea.

Bidermann, en sus memorias realistas e informativas, *In Deadly Combat* describe "escenas desconcertantes" a principios de mayo de 1945 experimentadas por las tropas de primera línea de la Wehrmacht que evacuaban por ship y el transporte aéreo desarmado de la Luftwaffe. Muchos de los aviones desarmados fueron derribados por cazas soviéticos. Las tropas casadas mayores que estaban siendo evacuadas primero fueron asesinadas.

Tres barcos llenos de tropas evacuadoras que no pudieron seguir el control del convoy atracaron en Suecia (página 285). El país "neutral" de Suecia entregó a estos soldados a los soviéticos.

Noack, en un teatro de operaciones diferente en mayo de 1945, describe sentimientos similares. Sintió desesperación por sus hombres y por sí mismo después de haber marchado con sus hombres más de quinientas millas, se rindió al Ejército de los Estados Unidos cuando no pudo abrirse paso a la 22ª División de Infantería, y luego él y sus hombres fueron entregados a los partisanos yugoslavos.

En sus memorias completas de la Segunda Guerra Mundial, *The Forgotten Soldier,*Sajer (páginas 392-393),describe el sentimiento compartido por la mayoría de lossoldados cerca del final. La victoria estaba fuera de discusión, pero sentían que no podían ser derrotados. Había una sensación de malestar general en todos los soldados.

Esto era exactamente lo que Oberleutnant Noack estaba tratando de explicar al joven Mayor a su llegada a Sarajevo en enero de 1945. Fue amenazado con un pelotón de fusilamiento por derrotismo. Noack se salvó al ofrecerse como voluntario para una misión altamente peligrosa a Šabac con un pequeño escuadrón de ocho hombres.

Aunque Kurt Noack siempre estuvo en un teatro de operaciones diferente al de los soldados / autores mencionados anteriormente y nunca los conoció ni se comunicó con ellos, verbalizó sentimientos, preocupaciones y percepciones similares de sus tropas, fatiga, sentimientos, sus esperanzas en entrevistas de 1965 y 1966 y reafirmado en 1973.

En 1977 Bob conoció a Hans-Jürgen en Friedberg y condujo hasta Stuttgart. Vieron fábricas e hicieron turismo y disfrutaron de unas cervezas. Herr Kurt Noack disfrutó de su nieto, Frank, y de la compañía de su hija, Hannelore, en Friedberg (Hesse).

Desde 1956 hasta su muerte en 1982,Herr Noack asistió a los almuerzos y cenas de los veteranos. Los hombres discutieron sus experiencias, pero también trataron de entender todas las revelaciones que se estaban documentando a medida que pasaba el tiempo. Algunos se negaron a creer esta nueva información; la mayoría estaban atónitos y tristes.

Los soldados de primera línea, aliados o del Eje, con la excepción de los comunistas, generalmente no eran miembrosactivos de partidospolíticos y los Landsers alemanes y los soldados estadounidenses tenían una cosa en mente cuando se alejaban del combate por unas horas o unos días, y no era la política. La abrumadora mayoría se centró en la cerveza, el licor y las mujeres. En 1973, Noack dijo: "En los terms de la política, la excepción es que algunos oficiales de grado general de mayor rango llegaron a su posición travésde la política. Esto sucedió en todos los ejércitos a lo largo de los siglos.

Los oficiales de grado general que ascendieron a través del ejército, no de la política, resentían a estos asnos besando puñaladas por la espalda que subieron la escalera sobre mejores hombres en la Segunda Guerra Mundial. Las carreras militares se vieron limitadas o terminaron debido a los ascensos políticos ligeros. Los G eneralsno políticos regulares de mayor rango de la Wehrmacht odiaban a los SD políticos en Berlín y a los otros Generals que se vendieron y cedieron a la conveniencia política. Ya sea en el Ejército Heer, las Divisiones de Disposición, la Armada o las Luftwaffes, los oficiales no políticos de mayor rango resentían la locura y la microgestión de los asuntos militares por parte de políticos totalmente incapaces de anular las decisiones militares que se planearon con aportes recientes de los Comandantes de Campo.

But anularon las decisiones. Desafortunadamente para los soldados, marineros, infantes de marina y aviadores en la mayoría de los países,¡en 1973 todavía lo hacen!

SOBRE LOS AUTORES Y EVENTOS FAMILIARES DE NOACK/SPANGLER: CON EL PASO DEL TIEMPO (1965-2020)

Hans-Jürgen Noack (1934-2006), caminando en Hesse, alrededor de 2003

Opa y Oma Noack, 1977, otra visita de Franky prometida en 1966

Bill y Bob en Inglaterra, víspera de Año Nuevo de 1998, sirvieron juntos en Co. F, 124th Inf., FNG en servicio activo en 1953

Karl-Heinz Freund, Frank Spangler y Hannelore Noack Spangler-Freund, Nueva Orleans LA 2018

Robert y Franky

Una postal de Oma y Opa Noack a Frank (Francis Kurt Spangler), de seis años, en 1973

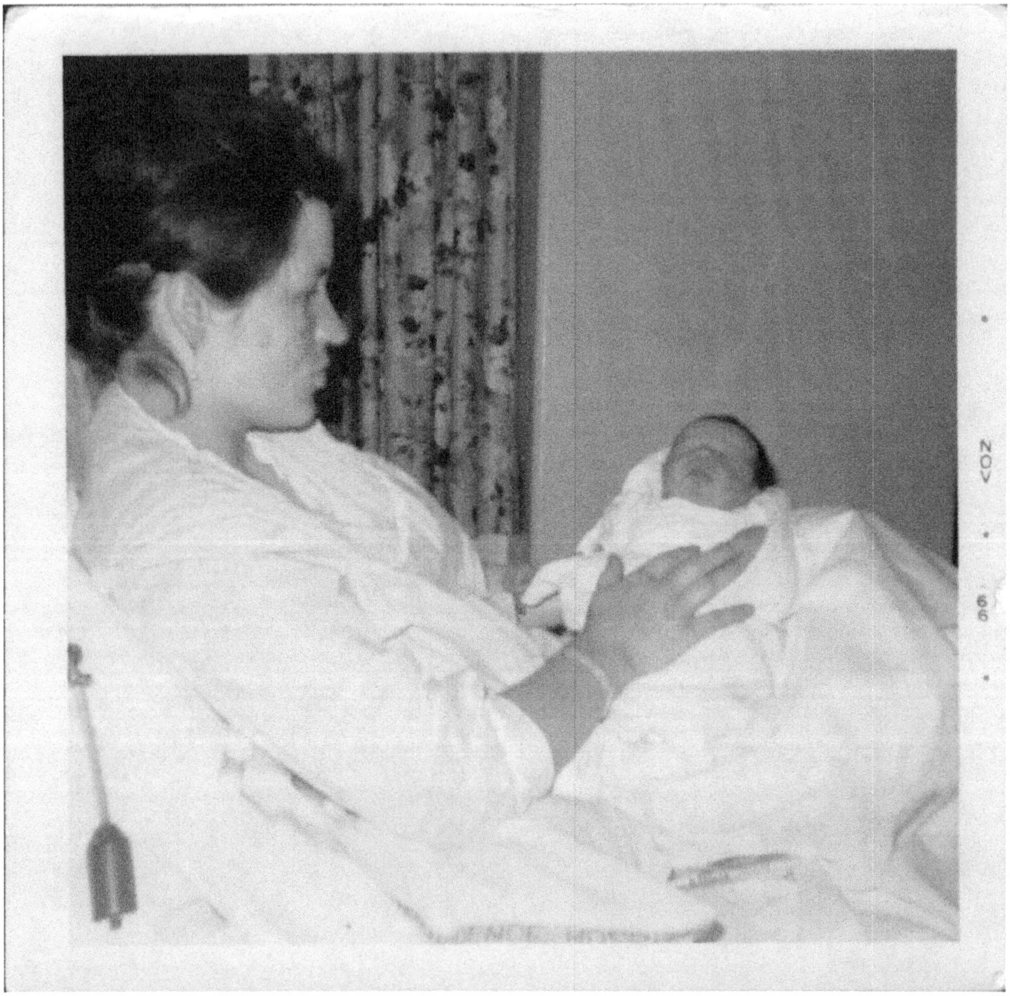

Hannelore Noack Spangler y su hijo de un día, Francis Kurt Spangler, 19 de octubre de 1966

La primera visita de Franky a Opa Kurt Noack y Oma Johanna según lo prometido

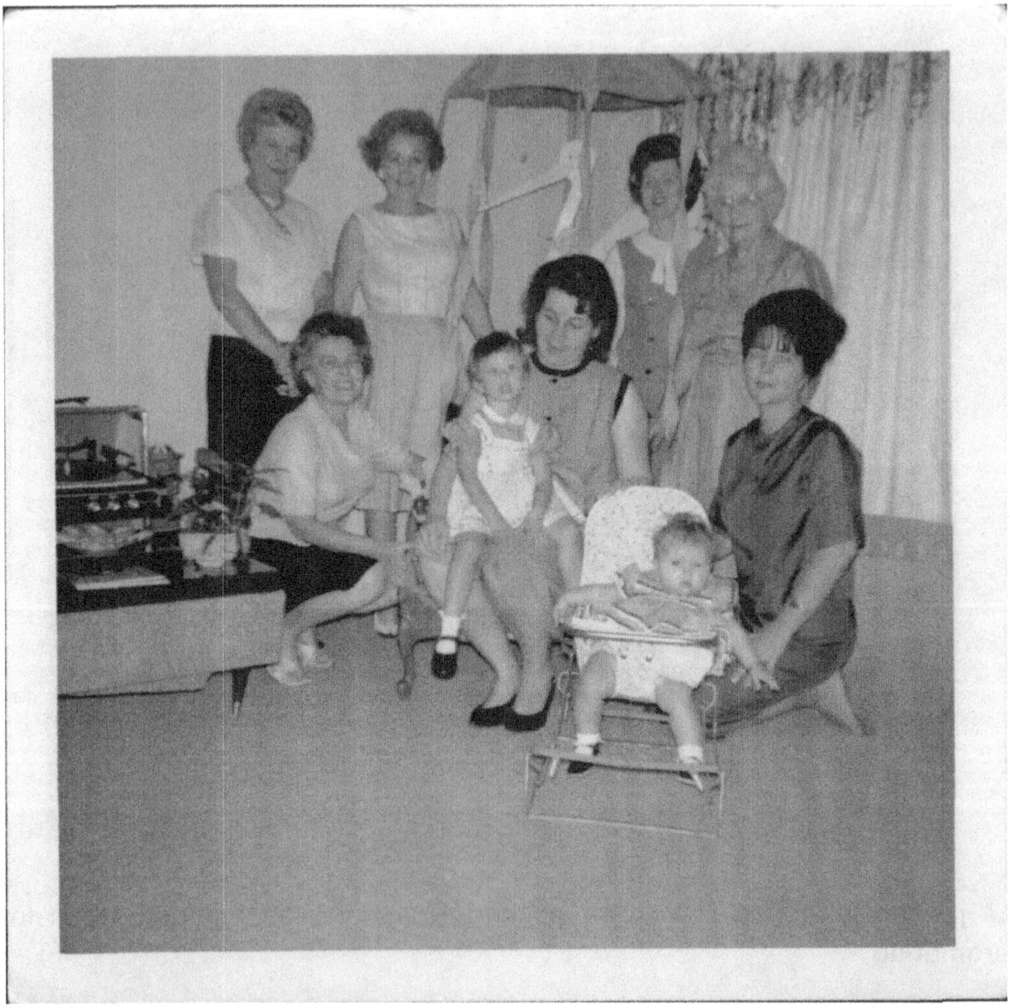

Hannelore fue recibida en Carolina del Sur, en septiembre de 1966. Desde el frente izquierdo, Dorothy Rozier, Lore sosteniendo a Debbie Metz, Shirley y Stephanie Snyder, abuela Snyder, Terri Metz (hija del sargento Webby Rozier que fue golpeada después de cruzar el puente Remagen en marzo de 1945), Betty Spangler y Jeanette Stier

1967 - Frank E. Spangler (padrastro de Robert, un cabo en la División Americal que luchó contra los japoneses en las Islas Salomón), Franky a los ocho meses, Hannelore, Alisa y Robert Spangler se sientan.

1968 - Robert, Franky, Lore, Robby y Alisa

Navidad de 1969 con la abuela Theresa Snyder, Robert, Franky y Hannelore

Hans-Jürgen Noack con Robert Spangler en Stuttgart, Alemania, alrededor de enero de 1978

Hans-Jürgen Noack y Robert Spangler, alrededor de enero de 1978

Última foto recibida por Robert S. Spangler del ex Oberleutnant Kurt Noack en Freidberg, Hesse, en la mesa del comedor, alrededor de finales de enero de 1979. Murió en 1982.

Robert S. Spangler y Carol Victoria Spangler en la cena de Nochevieja en Inglaterra, 31 de diciembre de 1998

Francis Kurt y Christy McMullan Spangler visitan a la abuela Betty (Catherine Elizabeth Snyder Spangler) por su cumpleaños, el 21 de octubre de 1999

Francis Kurt y Robert S. Spangler II con papá en las 24 horas de Daytona en 2002

La hermana mayor de Frank K., Alisa Spangler-Miller, con la foto de sus bisabuelos, Theresa LaLone y Stephen D. Snyder, alrededor de 2002

Robert S. y Carol V. Spangler felicitan a Francis (Frank) Kurt y Christy McMullan Spangler por recibir sus maestrías en la Universidad Estatal de East Tennessee

Sr. Karl-Heinz Freund y Sra. Hannelore Noack Spangler-Freund, alrededor de septiembre de 2018

FKS trabajando en la dedicación; hotel en el Danubio en Viena, 12 de enero de 2014

El Danubio – el Sava se une a él en Belgrado

GLOSARIO

1. Abwher: Inteligencia

2. BN: Batallón: Cinco o seis compañías organizadas juntas bajo un Oficial de Campo.

3. Tropas de disposición: Divisiones de las tropas de línea de las Waffen SS.

4. GHQ: Sede de Higher.

5. Sede: Sede de la empresa.

6. HHC: Sede y sede de la empresa, Bn o superior.

7. Kammandantur: Una ubicación central de las Fuerzas de OcupaciónAlemanas, GHQ, en Kolding, Dinamarca.

8. Suboficial: Suboficial.

9. NKVD: Policía Secreta Soviética, se convirtió en KGB.

10. OKH: Cuartel General del Ejército Regular Alemán más alto.

11. OKW: Cuartel General más alto de la Wehrmacht (Ejército, Armada y Fuerza Aérea).

12. OIC: Oficial en Charge.

13. OSS: Oficina de Servicios Estratégicos,creadapor William J. Donovan, se convirtió en CIA.

14. SD: Policía Secreta del Tercer Reich, Gestapo. Llegó a estar dominado por las SS*(The Rise and Fall of the Third Reich,*página 274). Bajo Heinrich Himmler, el grupo electoral y paramilitar se expandió significativamente. En opinión de Noack, la nuestra, y otras, una unidad de las Waffen SS que eran soldados de combate de élite entrenados para luchar en la línea junto con el Heer y lo hicieron. Unapequeña unidad de soldados asignados de las Waffen SS como guardaespaldas, a excepción de un pequeño porcentaje de hombres que por orden directa o como voluntarios sirvieron con los psicópatas políticos en la comisión de las atrocidades, incluido el Holocausto. LaTercera Unidad de las Waffen SS, los Batallones jefe de la muerte estuvo involucrado desde el primer día en los campos de concentración, el trabajo esclavo y los gaseos. Esta culpa, mancha y deshonra no debe ser puesta sobre la abrumadora mayoría de las tropas elite combat y aquellos que solo eran guardaespaldas si no se ofrecían como voluntarios para el deber ilegal o las ejecuciones. "La opinión de Noack, la nuestra, y declarada en Black *Edelweiss,*pp 201-203). "

15. SHAEF: Cuartel General Supremo de las Fuerzas Expedicionarias Aliadas.

16. SNAFU: Situación Normal Todo.

17. XO: Oficial Ejecutivo.

18. T O&E: Tabla de Organización y Equipamiento

BIBLIOGRAFÍA

Bidermann, Gotlob Herbert: *In Deadly Combat: A German Soldier's Memoir of the Eastern Front,*Lawrence, Kansas, 2000

Koschorrek, Gunter K.: *Blood Red Snow,*Londres, 2002

Sajer, Guy: *El soldado olvidado,*Washington, D.C., 2000

Shirer, William L.: *The Rise and Fall of the Third Reich,*NuevaYork, 1960

Voss, Johann: *Black Edelweiss,*Bedford, Pensilvania, 2002

PARA NUESTRO HIJO, FRANK

NAVIDAD CON MON Y KARL-HEINZ
ALEMANIA
DICIEMBRE 2018

FRANCIS KURT SPANGLER
NACIMIENTO: 18 DE OCTUBRE DE 1966, COLUMBIA, SC
MURIÓ: 26 ABRIL 2019, TAMARAC, FL

CON AMOR, MAMÁ Y PAPÁ

Made in United States
North Haven, CT
05 November 2026

21766797R00246